CASTLES
OF
THE WORLD

世界上的城堡

[意]詹尼·瓜达卢皮　[意]加布里埃尔·雷纳　著

孙云桥　译

 广东人民出版社
·广州·

图书在版编目（CIP）数据

世界上的城堡 / (意) 詹尼·瓜达卢皮, (意) 加布里埃尔·雷纳著 ; 孙云桥译. -- 广州 : 广东人民出版社, 2025. 2. -- ISBN 978-7-218-17873-8

Ⅰ. TU241.1-64

中国国家版本馆CIP数据核字第2024VS9108号

著作权合同登记号　图字：19-2024-193 号

SHIJIE SHANG DE CHENGBAO

世界上的城堡

［意］詹尼·瓜达卢皮　　［意］加布里埃尔·雷纳　著

孙云桥　译

版权所有　翻印必究

出 版 人：肖风华

责任编辑：吴福顺

责任技编：吴彦斌　赖远军

出版发行：广东人民出版社

地　　址：广州市越秀区大沙头四马路10号（邮政编码：510199）

电　　话：（020）85716809（总编室）

传　　真：（020）83289585

网　　址：http://www.gdpph.com

印　　刷：北京中科印刷有限公司

开　　本：889 毫米 × 1194 毫米　　1/12

印　　张：24　　字　　数：218千

版　　次：2025年2月第1版

印　　次：2025年2月第1次印刷

定　　价：238.00元

如发现印装质量问题，影响阅读，请与出版社（020-87712513）联系调换。

售书热线：（020）87717307

饌®
工厂

第 1 页 苏格兰高地上的艾琳多南城堡。

第 2~3 页 舍农索城堡——法国卢瓦尔河谷的城堡之一。

第 4~5 页 位于卡斯蒂利亚王国首都塞哥维亚的阿尔卡萨城堡。

第 6 页 莱斯特郡的贝尔沃城堡曾在 19 世纪重建。

第 16~17 页 特伦托的博恩孔西利奥城堡里的壁画。

第 18~19 页 拉贾斯坦邦杰伊格尔城堡里的马赛克装饰。

引 言

　　卡斯蒂利亚王国有一座城堡（王国内城堡建筑颇多，"卡斯蒂利亚"即为"城堡国"之意），名为罗卡弗里达。这座城堡用金子筑城墙，用纯银造城垛，夜晚会发出璀璨的光芒，如正午的太阳一般耀眼。一位姑娘住在这里，人们叫她罗莎弗罗里达。伦巴第的七位伯爵和三位公爵向她求婚，可姑娘表现得十分傲慢，根本不把他们放在眼里。她已经爱上了一位素未谋面的骑士，作为嫁妆，给了他七座位于卡斯蒂利亚王国的城堡。

　　从威尔士出发，走海路经过 7 天的时间可到达蒙加萨岛。巨人法蒙戈马丹住在那里，人们光听到他的名字就吓破了胆。法蒙戈马丹在他城堡最高的塔楼上献祭年轻女孩，将她们的尸体抛入沸湖中。在布列塔尼，有一座无名的城堡主楼，其中一扇门开着，向里望去是一个鲜花点缀的大厅。大厅中央有一张带有银棋盘的大理石桌，棋盘上摆放着黑白两色的象牙棋子。如果哪位游侠坐下来移动了棋子，一个看不见的对手会立即与他展开一场对弈。要是这位初来乍到者赢得了比赛，大厅就会打开一扇门，里面会出来十位少女为他脱衣沐浴、喷洒香水，然后领着他去另一个房间，在那里有一位美丽的女子正等待着与他共度良宵。

　　在比利牛斯山脉，有一个地形崎岖、杳无人迹的山谷，它的四周是峭壁和可怕的洞穴。在那里，巫师阿特拉斯的城堡矗立在一块嶙峋的巨石上，周围环绕着地狱恶魔们淬炼过的钢铁。这位亡灵巫师骑着骏鹰（狮鹫和母马的后代，背生双翼）在世界各地飞行，谁胆敢注视他，就会被魔法盾变得头晕目眩，浑身麻痹。几个世纪以来，法国的一座城堡被周围生长的荆棘完全掩盖，等待着王子的到来，他的吻将唤醒睡美人和她的宫殿。黑暗森林深处，有一座阴森的城堡，一位新娘在最高的塔顶上大声呼救，她因为一时冲动进入了密室，发现那里悬挂着蓝胡子前妻们的尸体。卢里塔尼亚是一个位于欧洲中部的王国，在那里，克里诺林裙撑和蕾丝配饰风靡一时，人们常举行华尔兹舞会和猎狐活动，生活十分快乐。曾达城堡是卢里塔尼亚统治者的夏季行宫，城堡中有一个地牢，新国王在加冕之前被关在这里。在距离比斯特里兹不远的喀尔巴阡山脉，一位忠诚的仆人站在通往村口的陡峭小路边。他正等待着马车通过，准备向车上的旅人传达主人德古拉伯爵的盛情邀请，挽留他们在城堡过夜。德古拉伯爵会从祖先小教堂的墓穴中出来，热情"款待"他们。

文学带来的充满美梦与噩梦的城堡点缀着世界，现实世界中的城堡同样精彩。15 世纪的意大利，波河右岸矗立着 100 多座城堡，为圣塞孔多伯爵皮尔·马里亚·罗西所有。他是骑士传奇的狂热读者，是后世的伦巴第·奥兰多，不知不觉中还成了堂吉诃德的前身。他在领地尽头为心爱的人建造了两座美丽的城堡，供她冬夏两季居住。他的杜尔西内亚名为比安卡（迪维纳·比安基纳，据他的宫廷诗人所述），因此他将城堡命名为托雷奇亚拉和罗卡比安卡，并粉刷了城堡的墙壁，使得它们在月光下的树林里闪闪发光。他让人在大厅的壁画上画出最迷人的宫廷爱情故事，要求不要粉刷上过于耀眼的颜色，而要涂成灰白色调，这样他白皙的爱人便能在其中看见自己的影子。

在 11 世纪的波斯，阿拉穆特城堡雄伟地耸立在里海南岸群山中一个难以到达的山顶上，得名鹰巢。这里是"山中老人"的住所，他是阿萨辛教派的首领。"阿萨辛"（原写作 hashishiyyin），即为"大麻吸食者"之意，是一个阿拉伯词语，逐渐演变为英文中的词语"刺客"（assassin）。的确，这些人投身政治刺杀，他们用匕首或毒药杀害首领指定的人。首领意图谋杀近东统治者，代替其统治。为了让刺客毫不犹豫地刺杀，"山中老人"在阿拉穆特建造了一座"人间天堂"。他选中的人会被下药，然后带进城堡，城堡里有美食、美酒和殷勤的少女。当他们终于睡着后，就会被送回日常生活，可怕的城主向他们解释，想要回到"天堂"很简单：只需要不假思索地听从他的命令。阿拉穆特只是阿萨辛教派占领的众多堡垒之一，从吉兰到叙利亚的众多堡垒形成了一个巨大的邪恶王国。绝对忠诚的杀手们会从防守严密的城堡上俯冲下来，袭击苏丹、维齐尔、穆斯林王子和十字军国王。阿萨辛教派掌权两个世纪，直到蒙古入侵，该教派才被消灭。

拉贾斯坦邦是印度西北部封建国家地图中的一部分，因其国王和其他统治者众多而被称为"王公之地"。他们的领土，大的有半个欧洲那么大，小的则像一个庭院。如果有一位东方公主被绑架，绑匪的城堡会被围困多年，若非收到"神意"毒死女孩，战争将永无休止之日。

1714 年，日本正处于武士时代，绘岛是一位生着杏眼、长相娇美的女子，她是江户城的御年寄。她亵渎了大奥，爱上了男演员新五郎。新五郎被斩首并非因为他接受了这个女子的信物，而是因为他竟敢穿上统治者送给所爱之人的德川葵纹长袍，他犯了蔑视统治者威严的罪行。这些都是关于江户城、城主和女城主的故事。江户城与外界隔绝，被巨大的城墙所包围，仿佛是护城河中的岩石岛。城中是一个自给自足的世界，各城堡间彼此隔绝，注定会被围困。人们囤积物资以备不时之需，档案中留下的库存清单就像失落国度的地图碎片一样，为我们提供了当时的物资名目：磨石和硝石桶、大锅和碗、烤肉架和木架、烤栗子的锅和煮鸡肉的锅、烧火的木柴、劲弩和箭、通过射孔投向进攻者的石头以及刽子手的绞索绳，这是因为城主的工作也包括维护公平正义，不论人们身份高低。只有城主和他的配偶的房间里才既有贵重物品也有不值钱的东西：有三个枕头的床架、窗帘、脸盆、毛毯、床单、保存家族记录的着色保险箱、装满衣物的箱箧，以及——想来也很合理的——一系列惊人的武器，从手套到头盔、护喉甲、胸背甲、剑和狼牙棒，简直是中世纪的金属武器库，还有一些用于进攻和防御的坚固装备。

封建社会等级森严，垂直分层，其建造出来的城堡也是如此。城堡的地下一层不仅有地窖和隧道供人们在受到攻击时突围或逃跑，还是作乱者和受排挤之人的"地狱"，一同关押着的还有被判处囚禁的人、路上被绑架来的富人。毕竟封建领主通过抢劫掠夺和绑架勒索获利不足为奇。烤箱、柴房、谷仓、马厩、鸡舍、猪舍、狗舍和猎鹰房（训练猎鹰是为了辅助狩猎）都设置在院子周围，这里还有警卫室，弓箭手在其中保卫着吊桥；有巨大的厨房，其壁炉能烧掉整根树干；还有偌大的餐厅，城主会坐在长桌前，两名坚定的侍从手持树脂火把站在两边。旁边的房间是法庭，不管是村民还是侯爵，日常犯罪如偷猎野兔、对仆人无理、未缴纳什一税等，都将在这里接受审判。大厅旁边是军械库，也是整个城堡里最漂亮的房间：盔甲、长矛和佩剑倚墙摆满房间墙壁，墙上装饰着窗帘和挂毯，领主在这里接受到访者的跪拜和敬意。这个房间一直通向教堂，一位牧师会每天在这里主持弥撒，众人皆须出席。领主的祖先是战士，沿着墙壁的地下，是他们的坟冢。这些坟冢特点明显，大理石板上有按照严格标准雕刻的等身浮雕肖像：人物头戴盔甲，身旁立着佩剑，脚着马刺靴，手戴皮手套，头上还饰有家族盾徽。

贵族家庭的卧室位于二楼，陈设简单，只有女主人的房间带有些许奢华气息：压花皮革面的扶手椅，装有女主人妆奁的彩绘箱，放着祷告书的书架。这层楼也是这个"小宫廷"里最重要的"官员"的住所：总管家、酒商、面点师、饲鹰人、财政管家、扈从、骡夫、猎场看守和侍从——他们三四个人睡在同一个房间的大草垫上。

三楼则是档案室、粮仓和储存封地货物的房间。再往上就是塔楼顶，哨兵和守卫在这里密切监视着周围的情况。

如果没有战争，领主主要的工作就是打猎。领主的配偶有自己的女侍，住在自己的套间里。她需要履行宗教责任，完成教会行事历上的礼拜仪式。宾客、亲戚、朋友和过路的旅人参与到城堡的宴席和舞会中，打破城堡里单调的生活。宴会上可以玩纸牌、骰子和球类游戏，还可以玩十字军从东方带回的国际象棋。庭院里还会举行骑术比赛，还有母鸡和猪供射击比拼。有时城堡会招待一些旅行者，这些人也会为主人讲述旅途上听到的传说。商人们在城堡之间往返，售卖一些新奇的玩意儿，游荡的弄臣和吟游诗人来讲笑话，朗诵诗歌，吟唱歌曲。城堡里的座右铭是"早睡早起"。但有些人要在漫长冬夜里烧火，不能睡觉，他们会讲故事或听别人讲故事。这些故事真假参半，有人讲有人听，当然，最好的还是冒险故事或恐怖故事。这些故事是发生在城堡里或涉及城堡居民的事件，绘声绘色地描述鬼魂飘到塔楼赎罪，以及主人和仆人的爱情故事，总在爱与生死之间徘徊。比如，有一个关于若弗鲁瓦·沙托布里昂伯爵的故事，他在十字军东征中突然回到城堡，他的夫人吓得晕了过去……这时一个金发女仆偷偷地从她的房间里溜走了。

这就是中世纪时期的城堡生活，从葡萄牙到波兰的乡村，炮塔式堡垒星罗棋布。仅法国就有超过 20000 座城堡。圣殿骑士、医院骑士团、条顿骑士等军事宗教团体接管了大量堡垒，这些堡垒建造在冲突边缘地区，对面是十字军在穆斯林统治的近东地区建立的王国。城堡控制着阿尔卑斯山、比利牛斯山和特兰西瓦尼亚山口，控制着的多条水路中可涉水而过的浅滩，以及莱茵河、多瑙河、卢瓦尔河和波河等大河的河道。城堡还守卫着城市间的贸易、交通，统治有争议的边界，包括伊比利亚半岛上的基督徒和摩尔人之间、英格兰的诺曼人和凯尔特人之间，以及日耳曼人和斯拉夫人之间、匈牙利人和瓦拉几亚人之间、拜占庭人和土耳其人之间的边界。城堡越建越高，越建越宽，不断加固。城墙越建越厚，以抵挡攻城器械，例如能投掷重达 500 磅或 600 磅的石头、燃烧罐、腐烂物甚至是囚犯尸体的投掷机，还有能击碎大门或冲破墙壁的攻城锤。城堡中还有比攻击目标更高的可移动高塔，用来发射箭雨、滚油和燃烧的木块，而手持锄镐的进攻者试图在下方打开缺口。尽管在敌人的攻击下，城堡迟早会被攻破，或是城堡里的人因饥饿投降，但此时围攻者和被围攻者基本可以说是在同样的条件下作战。然而，火药的出现颠覆了这种局面，也标志了一个时代的终结，一个文明的结束。

到了 15 世纪中期，大炮成为攻破城堡、拆毁城墙的决定性武器。人们给这些武器冠以毒蛇般凶狠的名字，光是听起来就足以让人害怕。这些武器可以向人发射铁片、硬物碎片和碎石，向城墙发射更大的石炮弹。1450 年，勃艮第公爵铸造了一个重约 20 吨的炮台，可以发射 750 磅的炮弹。他拥有一门 17.5 吨的大炮，这门大炮有一个阴郁而富有诗意的名字：暗黑玛格丽特。当然，进攻者必须把大炮安置到射程范围内，一旦安装好，就能造成致命的伤害：瞄准的炮弹可以炸毁一座塔楼。很明显，运输和使用这个庞然大物异常困难。穆罕默德二世在 1453 年用来攻破君士坦丁堡城墙的巨大火炮是由 100 头牛拉动的，两边各有 200 人以维持平衡。在这个大队伍的前方，有 200 名挖掘工拓宽道路，50 名木匠加固桥梁。这门火炮花了两个月的时间移动了一个人步行两天就能走完的路程。但当火炮最终到达目的地时，产生了毁灭性的打击效果，不过每天发射的炮弹不能超过7 发。

火炮标志着城堡作为军事建筑的消亡，然而与此同时，人们迎来了这些建筑作为贵族乡村住宅的复兴。在这个时期，人们重新发现了古典的美好，对自然产生了热爱，因此产生了远离城市居住的想法，崇尚被田野和森林包围的生活理念，这种思想代表了一种智慧，也是身心健康的典范。别墅——最初复制了小规模的城堡，开始流行。15 世纪佛罗伦萨周围的美第奇别墅就是典型的例子。虽然城堡仍建有人造城垛，但其本质作用已经丧失，后来窗户取代了曾经的城垛，能够让阳光和空气进入建筑。

当别墅的外观风格不断向城堡靠拢，城堡也不再采用简朴而令人生畏的石质军事防御外观，开始适应新时代的审美。塔楼变成了尖塔，观景楼替代了堡垒，护城河成为花园，周围的树林也变成了公园。这种蜕变风潮席卷整个欧洲，并在法国达到了巅峰。查理七世把他的一生挚爱——美丽的阿涅丝·索雷尔女士，带到了洛什城堡，她穿着华丽，带了貂皮大衣、东方丝绸和王国中裙摆最长的金色锦缎礼裙住进城堡，而查理七世的王后却在希农苦苦等待。路易十一把图尔普莱西变成了法国真正的首都，他 13 岁的儿子查理八世还没有等到走出他出生的昂布瓦斯城堡，就在继位时把城堡翻新了。查理八世带来了远征意大利的战利品，挂毯、画作、雕刻和书籍在城堡到处都是。路易十二和他的王后布列塔尼的安娜在布卢瓦享受打猎的生活，参加马术比赛，快乐地度过了一生。弗朗索瓦一世短暂出征米兰，将列奥纳多·达·芬奇带到法国，在克洛吕斯城堡招待了他。他心里并不只有艺术这一件事：弗朗索瓦一世在卢瓦尔河谷的每一座城堡里都有一个情人。亨利二世将舍农索城堡送给了他的情妇黛安娜·德·普瓦捷，黛安娜把这座城堡装饰成了法国最美丽的住宅。而国王去世后，王后凯瑟琳·德·美第奇对她进行了报复，迫使黛安娜放弃这座奇迹般的城堡。

在黑暗的宗教战争时期，卢瓦尔河谷的城堡恢复了防御功能。对于国王和宫廷里的人来说，这些城堡比处于狂热分子聚集的巴黎中心的卢浮宫安全得多。亨利四世恢复了社会安定，皇室注定会离开卢瓦尔河谷的城堡。最后，路易十四继位亲政，这些零散的皇家宅邸被独一无二的凡尔赛宫所取代。

与此同时，将视线转到河谷之外，在欧洲其他地方正在建造新的堡垒。因为火炮器械持续发展，所以新建的堡垒围墙更低，以便尽可能抵挡攻击。但各地的老旧城堡都在翻新，一般遵从文艺复兴时期和巴洛克时期的风格进行装饰，这是从意大利传到整个欧洲大陆的新时尚。然而，一些老旧的军事城堡以简朴为傲，不愿装饰翻新，其中一部分已被废弃，破烂不堪，甚至成为废墟。浪漫主义的出现，尤其是对中世纪虚幻的痴迷崇拜，使得这些城堡重回人们的视野，得到修补和翻新。巴伐利亚国王路德维希二世是仿哥特式城堡复兴中具有代表性的建筑师。而他最杰出的模仿者正是沃尔特·迪士尼。

这并非一本详尽的百科全书，而是简短的城堡选集，概述各个国家各种类型的城堡。本书剖析了欧洲、亚洲、美洲的城堡：有真实的中世纪堡垒，也有近代巧妙的仿造城堡；有经过严格修复恢复原貌的单一风格城堡，也有反映不同时代和风格的复合城堡。有些城堡继续供贵族居住，有些已改造成博物馆。有些城堡放映昔日骑士时代的电影维持生计，有些则成为接待富裕游客的酒店，发展成盈利企业。甚至还有一家酒店建造了城堡外观，不过在五花八门的酒店样式中并不算意外。最重要的是，这个失落的世界仍有令人神往的魅力。

目录

葡萄牙

奥比杜什城堡 *Óbides*

左下图 奥比杜什村位于城堡脚下，绿树环绕，自 15 世纪以来，凭借卡尔达什－达赖尼亚浴场吸引了许多游客。浴场曾供罗马人和阿拉伯人使用，后来被一位葡萄牙女王重新发现。

下页上图 城堡城墙呈方形格局，城墙上建有城垛，气势宏伟，还有优雅的圆形和方形塔楼。现有外观起源可以追溯到曼努埃尔时期，该城堡被认为是葡萄牙军事建筑的重要代表。

传说中，在 5 世纪，西哥特人入侵伊比利亚半岛，占领后建造了堡垒，奥比杜什村就在堡垒周围逐渐发展起来。为了寻找足够的建筑材料，他们来到了几英里外的罗马浴场，也就是现在的卡尔达什－达赖尼亚浴场，葡语中意为"女王的浴场"，因为 15 世纪末，一位葡萄牙女王观察了在此处沐浴的农民，再次发现了此处水源的治疗功效。后来，阿拉伯人占领奥比杜什城堡，公共浴场受到极大欢迎，他们除了将城堡建为埃斯特雷马杜拉的葡萄牙地区重要据点之一，也同样利用了附近神奇的水源。这里最后的阿拉伯入侵者被赶走后，基督教卷土重来，城堡成了封建时期人们的住所。18 世纪，城堡被废弃，为小镇带来了浪漫主义的气息，19 世纪，渴望寻找当地文化色彩的旅行者被保存完好的中世纪景观深深吸引。（G.G.）

从建筑的角度来看，奥比杜什城堡采用了曼努埃尔风格建造，是葡萄牙最著名的城堡之一。城堡整体外观大致呈四边形，每边 100 英尺（30.48 米）长，城墙上有城垛有尖顶。城堡的塔楼有漂亮的圆塔，也有东北和东南两端的巨大方塔，中间有一座宫殿，但现在已成为废墟。城堡和周围的村庄被巨大的摩尔式围墙环绕，葡萄牙国王在

重新收复领土后对其进行了多次重建。事实上，这座城堡受到历代葡萄牙君主的喜爱，他们对城堡进行了扩建和装饰。许多装修别致的门廊和窗户仍然保存完好。幕墙西侧有一座高大的警卫塔，另一侧与火炬塔相连。城堡的布局充分展现了葡萄牙军事建筑的经典风格。在美景之中只有一处不和谐的声音：佩德罗·洛佩斯·德阿亚拉曾关押在此处，他在这里写下了《宫廷诗韵》，表达对生活和社会的愤懑。（G.R.）

上图 主入口采用了曼努埃尔式设计，嵌有生动的直棱琢石雕刻、盾形纹章，两侧各有一座细高的瞭望塔，屋顶呈分段半圆形。

下图 巨大的护墙顶端设计成尖塔形，中间则是哥特式拱门，共同支撑部分的宫殿。费迪南德亲王将其建为自己最喜爱的住所。

葡萄牙

辛特拉城堡 *Sintra*

（佩纳宫、辛特拉王宫）

辛特拉城堡曾被拜伦称赞为"灿烂的伊甸园"，也曾被其他人诋毁为"疯人院"，位于距离里斯本约 18 英里（约 28.97 千米）的辛特拉山脚下，自 1493 年起就是葡萄牙君主的夏日居所。这一年，若昂国王和莱奥诺拉王后爬到了山顶的一个洞穴里，跪在圣母像前——传说圣母玛利亚曾在那里现身，停留了 11 天。随后，小镇上建造了一座王宫，它不断被后来的统治者扩大、修缮，一直持续到 18 世纪。1503 年，山上建造了一个木质的小修道院，

跨页图 辛特拉的宫殿色彩明丽，鲜艳生动，在埃斯特雷马杜拉的天空下格外显眼，宛若童话中的城堡。这并不令人意外，因为这座如画的宫殿是由一位布景设计师和一位建筑师共同设计的。

1511年，圣哲罗姆派的修士接管了修道院并将其翻新成石质建筑。1743年9月30日，在庆祝守护神节日时，雷电击中了小教堂，修道院起火，大部分建筑被烧毁。十年后，一场地震摧毁了残存的建筑。直到1834年，最后一批修士才离开这里，建筑的残余部分杂草丛生，植被茂盛。

　　费迪南亲王，即玛丽亚二世女王的丈夫，在旅途中被这处建筑的残余部分的浪漫魅力所吸引，他买下了这里，并把这里建成了自己最喜爱的居所。这项工作由德国建筑师路德维希·冯·埃施韦格和意大利布景设计师德梅特里奥·辛纳提共同完成，历时47年。直到1885年，佩纳宫，或者叫岩石城堡，才全部竣工，同年，国王去世。费迪南德亲王痴迷各种类型和起源的艺术长达半个世纪，最终得到一个由拱顶、吊桥、主楼、小教堂、回廊和塔楼组成的迷宫般的城堡，将各种风格——阿拉伯式、哥特式、曼努埃尔式、文艺复兴式和巴洛克式——融合得如诗如画。雕塑、绘画、挂毯和瓷器奢华地装饰在城堡中。一座巨大的公园包围了城堡，山茶花、香蕉树、绣球花、冷杉和天竺葵形成了厚厚的篱，连日光也无法穿透。公园在两座山和另一处城堡废墟之间，那座城堡即8世纪阿拉伯征服者建造的摩尔人城堡。城墙上建有城垛，沿着山坡延伸到海边，景象十分宏伟。（G.G.）

非凡的佩纳宫坐落在花岗岩山的北部，岩石城堡之名由此得来，距离摩尔人在8世纪建造的城堡不远，宫殿色彩鲜艳（有深灰色的墙壁、黄色的尖塔和深红色的塔楼），建筑风格天马行空。城堡的建筑师路德维希·冯·埃施韦格曾到英国、德国和瑞士寻找灵感。城堡从1839年始建，1885年完工。老修道院的小教堂得到维修，并用大量的艺术品装饰。最重要的是，曼努埃尔式（15世纪末开始流行的哥特式、穆德哈尔式和银饰风格的融合）的华丽回廊也得到了维修。宫殿里的每个装饰元素都披上了神秘或神奇的象征意义。因此，宫殿的内部装饰似乎跨越了从古埃及到摩洛哥文化，包括哥特式、巴洛克式、曼努埃尔式和装饰派艺术风格等各种风格，家具陈设价值连城。宫殿楼梯设计宏伟，通向贵族的会客厅，墙壁和天花板上装饰着植物图样的石膏。还有一盏著名的新哥特式枝形吊灯，由镀金青铜制成，上面点着72根蜡烛。1995年，辛特拉和辛特拉山被列入联合国教科文组织的世界遗产名录。（G.R.）

上页图 皱眉的阿特拉斯好像承受着令人绝望的重量——但并不合理：这些窗户有很多花边镂空，对他来说不是什么负担。

右上图 城堡多处复制了葡萄牙其他建筑设计。此处就完全复制了16世纪托马尔基督会修道院的窗户。

右下图 佩纳宫，或者叫岩石城堡，其特点是石板颜色有灰色、黄色和深红色，历时将近50年才建成。资助人去世后，这项工作也随之停止。

左上图 王宫的一个房间是以天鹅命名的，天鹅被各个时代的君主所喜爱，是纯洁的象征，用作主要装饰图案。照片展示了16世纪天花板上的一些细节。

左下图 君主带有巨大华盖、精致雕刻帷柱的床放置在房间中央，四周装饰着多彩的艺术品。

右图 纹章大厅或雄鹿厅的历史可以追溯到16世纪初，被人们认为是王宫中最美的房间。房间里有宏伟的波斯式八角圆顶，由17世纪的彩釉瓷砖画铺成，瓷砖上是有关打猎和战争的图样。

上图 阿拉伯式、哥特式、曼努埃尔式、文艺复兴式以及巴洛克式的融合，为了配合19世纪人们兼收并蓄的审美品味，这些风格都出现在佩纳宫里。最壮观的房间之一是阿拉伯厅，里面摆满了"摩尔式"的家具。

左图 厨房和大厅一样宏伟，在这些巨大的拱顶房间里，铜制品和珍贵的陶瓷制品闪耀着光芒，令人印象深刻，静物的点缀使画面更加完整。

西班牙

科卡城堡

Coca

大约在公元 1400 年，强大的丰塞卡家族，即科卡领主的家族，在塞哥维亚和巴利亚多利德之间建造了一座庄严的城堡，这是当时卡斯蒂利亚国王最喜爱的住所。砖墙包围着王子们的住所，中间布有塔楼。科卡城堡被建筑史学家赞为西班牙最具艺术性的军事建筑，但不幸的是，城堡变成废墟，陈设被全部清空。1828 年，科卡古堡失去了最美丽、最独一无二的特征：彩釉瓷砖画，这是一种覆盖在庭院地板和墙壁上的瓷砖，周围有两条大理石装饰框。

城堡后来的主人阿尔巴公爵的资产管理人决定将城堡全部出售，赚取钱财。事实证明，这是他最糟糕的一笔交易。买家购买每根柱子花了 40 比塞塔，然后很快就以每根 120 比塞塔的价格转卖。城堡一直处于废墟状态，直到 20 世纪才得到修复，用作林业学校的大楼。建造城堡的阿隆索·德丰塞卡大主教于 1473 年在科卡去世，并被埋葬在镇上华丽的家庭教堂里。（G.G.）

科卡城堡几乎完全由砖石建成，并覆盖了薄薄的粉红色砖块（穆斯林建筑师的首选材料）。摩尔人的这件作品被认为是哥特－莫扎勒布式的杰作，展现出一座充满魔力的摩尔式城堡，带来一种超现实感。城堡结构复杂，主城体外围有三层围墙和一条很深的护城河。城堡的巡查道非常有名，路旁的垛口设计成带有花边的样式，风景如画。嵌在

砖墙上的石洞形状宛如十字架雕刻在圆洞上，用来投掷炮弹或直接
射击。垛口建在一连串阶梯射孔上，两排并列在有宽阔射击口的塔
楼上，设计精巧，仿照遭遇攻击时用于保护建筑的围栏修建而成。
科卡城堡于 1931 年正式成为国家纪念馆，现为一所林业学校的所
在，同时也是一座罗马式木制品博物馆。(G.R.)

右图 遗憾的是，城堡内部没有留下任何奢华装饰。在几个世纪的时间里，这座被遗弃的
城堡的内部陈设被全部搬空。19 世纪，城堡遭受的人为破坏程度达到了最大，当时城堡
一个露台的彩釉瓷砖画被对外出售。

下图 鸟瞰图展示出城堡紧凑但轻巧的建筑结构，双层幕墙将其包围。塔楼上有独特的凹
槽装饰。

上页图 曼萨纳雷斯皇家城堡和许多其他的哥特式－莫扎勒布式城堡一样——冠顶和垛口装饰性大于功能性，外观类似石质花边。

下图 城堡中围绕内院建造的伊莎贝尔式－穆德哈尔式长廊最令人赞叹，人们可以从圆形方石塔楼俯瞰庭院。

西班牙

El Real de Manzanares

曼萨纳雷斯皇家城堡

曼萨纳雷斯皇家城堡位于距离马德里 12 英里（约 19.31 千米）的曼萨纳雷斯河畔，于 1247 年建成，随后被作为领地授予卡斯蒂利亚王国的一位伟大人物——唐佩德罗·冈萨雷斯·德门多萨，国王约翰二世后来将其作为伯爵领地，分封给了唐伊尼戈·洛佩斯·德门多萨，即桑蒂利亚纳的第一位侯爵。侯爵在 1435 年至 1480 年间再次修建了这座城堡，委托胡安·瓜斯设计并监管施工情况。瓜斯曾于 1476 年为天主教君主斐迪南二世和卡斯蒂利亚女王伊莎贝拉一世在托莱多建造了一座伊莎贝拉式的大师建筑，即圣胡安皇家修道院。16 世纪，腓力二世最初想把圣洛伦索修道院建于曼萨纳雷斯皇家城堡的位置上，然而，他后来认为这里离马德里距离太近，不能满足他对宁静隐居所的期望，于是将修道院建于埃尔埃斯科里亚尔。（G.G.）

上图和跨页图 城堡结构看起来较为紧凑，但阶梯式人造射孔与城墙的颜色对比从城墙和塔楼中呈带状延伸出来，侧塔有方石装饰，这使得紧凑的结构看起来轻盈一些。

马塞尔·迪厄拉富瓦说："在整个建筑中，穆德哈尔风格的最北边界是设有防御工事的城堡。"旧西班牙是哥特式和穆斯林艺术的奇特融合。这种复合文明最辉煌的阶段是穆斯林西班牙时期的莫扎勒布风格（Mozarabic，来自单词 mosta'rib 或英语"Arabicized"，意为使阿拉伯化），以及基督教收复失地运动深入人心时期的穆德哈尔风格（来自单词 mudeddjan，意为"允许保留"）。城堡建在著名的门多萨家族的城堡附近，其新建的小教堂融入了 13 世纪和 14 世纪的遗迹。1480 年，城堡富裕的主人决定增建一座伊莎贝尔－穆德哈尔式的华丽画廊（伊莎贝尔风格的特点是使用非凡华丽的装饰并与德国晚期哥特式相结合）以及一个绚丽的八边欧曼那荷塔，塔楼上有方石装饰和人造射孔，该塔成为西班牙著名的塔楼。最后，西班牙的宫殿式城堡融合了这两种风格，将美学价值和建筑功能融合到了极致。该城堡现由马德里市管理。（G.R.）

右图 15世纪，比列纳家族是卡斯蒂利亚的贝尔蒙特城堡和其他许多堡垒的领主，这是其古老权力的纹章和象征，迎接游客进入城堡。

贝尔蒙特城堡

Belmonte

跨页图 贝尔蒙特城堡完全由灰色石头建成，主体部分呈三角形，有六个圆塔。城堡被低矮的外部幕墙包围，幕墙上有独特的阶梯式金字塔形的城垛。

下页下图 三角形的庭院极其优雅，令人赞叹，巨大的窗户和拱门与朴素的军事化建筑粗糙的外墙形成对比，外墙几乎没有孔洞。

　　在拉曼查的中心地带，有六座塔楼的贝尔蒙特城堡赫然耸立，十分醒目，距离阿加马西利亚－德阿尔瓦镇（堂吉诃德的家乡）、埃尔托沃索（堂吉诃德的挚爱杜尔西内亚居住的地方）以及坎波－德克里普塔纳（愁容骑士堂吉诃德误以为风车是巨人于是投降的地方）都不远。比列纳侯爵胡安·费尔南德斯·帕切科是卡斯蒂利亚国王恩里科四世的全权大臣，1456年至1470年间，他在之前的堡垒残迹上建立了贝尔蒙特城堡，并把国王的女儿胡安娜（也被称为贝尔特兰尼佳）藏在了这座城堡里，胡安娜被指控为她母亲葡萄牙公主胡安娜与贵族唐贝尔特兰·德拉奎瓦通奸生下的私生女。多数卡斯蒂利亚贵族拒绝胡安娜成为合法的王位继承人，甚至反抗这位不光彩的国王，最终国王宣布他的另一个女儿伊莎贝拉成为王位继承人。在这场内战最动荡的时期，胡安娜不相信比列纳侯爵的忠诚，心烦意乱的她半裸着从贝尔蒙特逃了出来，而她逃出的那道门至今仍刻着她的名字。（G.G.）

　　贝尔蒙特城堡整个建筑由石头建成，其内部拥有15世纪所有宫殿式城堡中最精致而一致的建筑结构。只有马略卡岛的贝利韦尔城堡采用了圆形平面的结构（该结构在西班牙很罕见，但在葡萄牙很常见，在东方很流行），可以与贝尔蒙特城堡的完美结构

相媲美。主墙构成了一个等边三角形，镶嵌在五角星上。圆塔矗立在建筑的各个角落，塔上的莫扎勒布式垛口十分引人注目，巨大的欧曼那荷塔横跨防御正门的幕墙。低矮的外墙上伫立着几个圆塔，外墙的弧度与城堡主体轮廓相一致。贝尔蒙特城堡的阶梯式金字塔城垛独一无二，无可挑剔。城堡住宅部分很大，拱形的卧房可以俯瞰三角形的露台，还有石雕壁炉、花格天花板和穆德哈尔风格的拉毛粉饰。事实上，基督教艺术和摩尔艺术的结合在这一时期变得根深蒂固（例如，迭戈·洛佩斯·德阿雷纳斯在1632年出版的《木匠艺术简编》就是一本关于东方艺术的专著）。（G.R.）

卡拉奥拉城堡

矿业小镇卡拉奥拉位于格拉纳达与阿尔梅里亚港之间，靠近内华达山脉下的瓜迪克斯，这里隐藏着西班牙最精致的文艺复兴建筑之一，即卡拉奥拉城堡，是第一任塞内特侯爵罗德里戈·德门多萨于1510年建成的领地城堡。

罗德里戈是红衣主教门多萨的私生子，红衣主教门多萨是托莱多的大主教，曾不遗余力地帮助卡斯蒂利亚的伊莎贝拉女王登上王位。罗德里戈从父亲那里继承了塞内特庄园，女王授予他侯爵爵位。他在将摩尔人赶出西班牙的格拉纳达战争中表现出色，以此向女王表示感谢。接下来他去了意大利，在罗马受到了他父亲的密友教皇亚历山

下图 卡拉奥拉城堡建在一个可以俯瞰小镇的小高地上，与世隔绝，是西班牙较早的文艺复兴建筑。它是由托莱多大主教、红衣主教门多萨的私生子罗德里戈·德门多萨建造的。

上图和右下图 城堡外观较为简约，并建有典型的西班牙城堡塔楼，掩饰了内部装潢的富裕华丽。城堡内部有卡拉拉大理石雕刻的门廊和扶栏。

大六世的欢迎，教皇建议罗德里戈娶他的女儿卢克雷齐娅·博尔贾。红衣主教的儿子和教皇的女儿之间的婚姻很快成了人们的笑柄，因为婚礼并没有举行，罗德里戈回到了西班牙。然而，在此期间，他爱上了文艺复兴时期的艺术作品，这些艺术作品正在改变意大利城市面貌。罗德里戈把热那亚建筑师米凯莱·卡洛内带回了西班牙，委托卡洛内在卡拉奥拉附近为他建造一座城堡，但他并不知道，他和他的子孙后代永远不会踏入那个与世隔绝的地方。卡洛内为罗德里戈建造了一座艺术杰作，卡拉奥拉城堡有高大的城墙和城角塔，虽然外观是典型的 15 世纪西班牙堡垒，但内部宫殿却是最纯粹的文艺复兴风格，建有精致的雕刻门廊和卡拉拉大理石制成的扶栏。卡拉奥拉城堡是首例新文艺复兴风格的建筑，只有同一时期由西班牙建筑师为洛斯·贝莱斯侯爵建造的贝莱斯布兰科城堡可以与之媲美。（G.G.）

1509 年，卡拉奥拉城堡始建于一座穆斯林城堡的旧址上，1512 年完工。从艺术价值和建筑设计的角度来看，卡拉奥拉城堡具有重要意义，因为它是中世纪风格向文艺复兴风格过渡的象征。然而，这一点并不能从城堡的外观探知。城堡幕墙高大而庄严，每一面都有三扇窗户，十分罕见，但这对内部照明并无帮助。城堡的四个城角塔最引人注目。城角塔外观是巨大的圆柱体，底部有多层断开，顶部是带有半球形穹顶的半塔（在卡斯蒂利亚建筑中很罕见），与后来几个世纪的瞭望塔略有相似。塔楼淡化了城堡粗陋的外观，为这个被阿尔基费矿区里被尘土染红的建筑带来了阴郁又优雅的气息。城堡内部是一个截然不同的世界，庭院是文艺复兴时期的风格，华丽考究，装饰着双拱门和柱子、花格天花板、枝形烛台、拉丁文铭文、盾形纹章，还有一个卡拉拉大理石楼梯，上面雕刻着人物，在西班牙十分新颖。装饰的图案是文艺复兴早期特有的奇异图案和神话主题纹样。（G.R.）

阿尔卡萨城堡

塞哥维亚是旧卡斯蒂利亚一座迷人的城市，坐落在河流交汇处的陡峭高原之上，风景如画。早在罗马时代，塞哥维亚就是军事重地（传说是赫拉克勒斯所建），后来陆续成为阿拉伯王国的首都和卡斯蒂利亚君主们的住地。11世纪末，阿方索六世在城市西端的埃雷斯马河和克拉莫雷斯河的交汇处建造了阿尔卡萨城堡（源自阿拉伯语 al-Qasr 以及拉丁语的 castrum，意为堡垒）。阿方索还没来得及继承王位，就被他的兄长强者桑乔赶出了卡斯蒂利亚，桑乔接手统治。因此，阿方索寻求摩尔人的庇护，此时

跨页图 塞哥维亚的阿尔卡萨城堡是西班牙最富丽、最令人赞叹的皇家住宅之一，由国王阿方索六世在11世纪末建造。托莱多的阿拉伯城堡给他留下了深刻印象，因此他希望能建造一座城市城堡与之媲美。

右图 塞哥维亚的阿尔卡萨城堡就像一艘大船的船头，朝向旧卡斯蒂利亚的平原，在城市尽头的岩石山嘴上，阿尔卡萨城堡高度达到263英尺（约80.16米）。

摩尔人仍然占领着伊比利亚半岛的大半土地。他利用流亡的机会了解了托莱多和其他穆斯林城市的堡垒位置和建造情况。他回到卡斯蒂利亚登上王位后，在塞戈维亚紧靠穆斯林和基督教领土的边界处建造了一座大型城市城堡。

13世纪，阿尔卡萨城堡被扩建，1352年至1358年间，城堡被全面改建。部分建筑在天主教国王时期首次翻新，在查理五世和腓力二世时期再次翻新。腓力还让他最喜欢的建筑师胡安·德埃雷拉重建了城堡南面的外墙。城堡套房以拼花图案和壁画作为装饰，非常出名。巨大的君主厅有52个真人大小的木制彩绘统治者雕像，包括奥维耶多、莱昂和卡斯蒂利亚王国的统治者，从佩拉约到1555年去世的疯女王胡安娜。然而，在1862年城堡被炮兵学院占用时，一场大火烧毁了所有这些艺术品。（G.G.）

这座皇家城堡以它所处的岩石高原边缘为界。带有尖锥屋顶的圆形塔楼包围了整个建筑群，这是西班牙建筑中很少见的特征。城堡的入口处有一个外堡，雄

上图 东北方向的入口处耸立着一座建于15世纪的高大长方形主楼，顶部是向外突起的塔楼，两侧则是独特的锥形穹顶塔楼。

下图 内部庭院被各翼高大的墙壁所包围，石质墙壁呈淡黄色，墙壁上有简单的长方形窗户或优雅的哥特式双开窗。

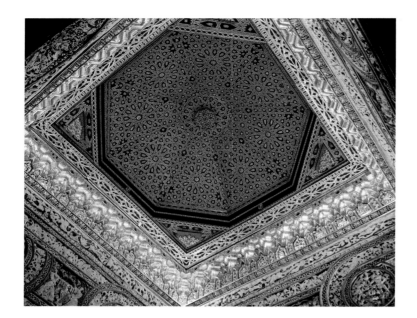

左上图 不幸的是，1862年发生的一场大火烧毁了这座城堡中的大部分陈设和装饰，此后进行了大规模的整修。图中显示的是御座厅里镀金穹顶的一些细节，该穹顶是采用穆德哈尔风格设计的。

左中图 奥维耶多、莱昂和卡斯蒂利亚的统治者的塑像雕刻在卡斯蒂利亚的君主厅墙壁上方。据说有一次克里斯托弗·哥伦布从美洲航行回来后，在这里受到了斐迪南和伊莎贝拉的接见。

左下图 价值连城的花纹挂毯和16世纪的盔甲装饰着通往御座厅的哥特式拱门。在背景中可以看到挂有西班牙王国徽章的平台上放置着两个王座。

跨页图 武器室展示了 15—16 世纪的剑、长矛、长枪、戟、大炮和盔甲，其中一些是由当时最有名望的甲胄匠制作出来的。

伟的胡安二世塔耸立其后，塔顶有类似佩尼亚费尔城堡、拉莫塔城堡和科卡城堡的半圆形塔楼。再往前走就是武器广场和城堡庭院。宏伟壮观的房间（松果厅、国王卧室、船板厅、御座厅）环绕庭院，是哥特式和莫扎勒布式的典范。在 14 世纪、15 世纪甚至 16 世纪，西班牙的基督徒继续向穆斯林建筑大师学习建造宏伟的建筑。这些房间也与欧曼那荷塔的主体建筑相连。城堡的大部分建筑是在 1862 年的大火后重建的。阿尔卡萨城堡中有一座武器博物馆可供参观。（G.R.）

上页图 这些窗户上描摹了卡斯蒂利亚和莱昂的君主们的肖像。在这里，我们看到了恩里科四世（被人们称为"无能的恩里科"），他在统治期间极度痛苦，封建领主们并不服从于他，甚至蔑视他。

右图 画在若昂一世和恩里科一世之间的恩里科二世（又被称为德拉斯梅塞德斯）在杀死他的兄弟佩德罗一世（残忍者佩德罗）后于 1369 年登上王位。佩德罗一世是西班牙历史上最残暴的统治者之一。

下图 松果厅的这幅玻璃装饰画描绘了卡斯蒂利亚和莱昂的国王阿方索八世在马背上的英姿。他与金雀花家族的埃莉诺结婚后所生的女儿贝伦加丽娅在画面左边，正从阳台往下看。

下页跨页图 阿尔卡萨城堡位于高处，其风格多样的建筑外观看起来很梦幻。城堡左侧矗立着错落有致的教堂，和城堡一样令人赞叹。

布卢瓦城堡

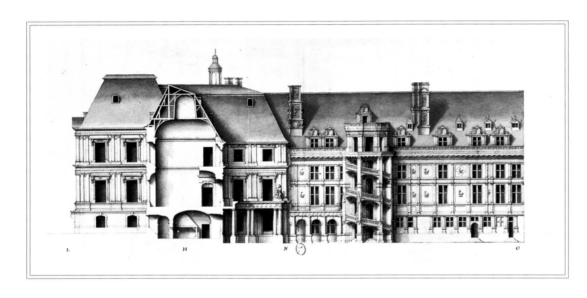

可能早在罗马时代，就有一座城堡建在山嘴上，俯瞰两侧，一边是卢瓦尔河，另一边是沿着河道开辟的山谷。然而，该城堡直到封建时期在布卢瓦伯爵及后来的沙蒂永家族的统治下才得到重视。1391 年，奥尔良公爵路易购买了这座城堡。路易是国王查理五世的次子，1407 年，他的表弟勃艮第公爵的下属在巴黎刺杀了这位雄心勃勃的奥尔良公爵。路易的遗孀，米兰公爵吉安·加莱亚佐的女儿瓦伦蒂娜·维斯孔蒂逃到了这座城堡，把自己关在一个全黑的房间里。由于悲伤过度，瓦伦蒂娜一年多后就去世了。他们的儿子夏尔在阿金库尔战役（1415 年）中被英国人俘虏，25 年来都没有再见到这座城堡。在英国被监禁期间，他写下了该世纪最出色的诗歌。等他重回法国，这位 50 岁的贵族爱上了 14 岁的克利夫斯的玛丽。夏尔娶了玛丽，并把她带到布卢瓦城堡居住，城堡被彻底翻新，成为吸引艺术家和文人的建筑宝藏。

在布卢瓦城堡里，玛丽生下了一个儿子，即未来的国王路易十二。相比在巴黎生活，路易十二更喜欢居住在布卢瓦城堡里。他的继承人弗朗索瓦一世娶了他的女儿克劳德，一生大多数时间在布卢瓦城堡度过。然而，弗朗索瓦年轻的妻子于 1524 年去世，此后他便愿意生活在其他城堡里，最喜欢的是尚博尔城堡和枫丹白露城堡。不过，他也和前任城堡主们一样扩建和翻修了布卢瓦城堡。亨利二世，即弗朗索瓦的儿子、凯瑟琳·德·美第奇的丈夫，在天主教徒和胡格诺派教徒的宗教战争期间，长期居住在

左上图 16 世纪的图纸上显示的是建有弗朗索瓦一世著名楼梯的侧翼，被认为是城堡设计最漂亮的部分。即使在今天，是谁设计了这座城堡的问题仍然存在争议，究竟是法国建筑师雅克·苏尔多还是意大利人多梅尼科·达科尔托纳，没有定论。

跨页图 布卢瓦城堡围绕着大皇家庭院形成了一个不完整的广场。城堡由四个独立的部分组成，分别建于 15 世纪末到 17 世纪中期之间的不同时期。

左下图 城堡入口处哥特式壁龛中的马术雕像描绘的是国王路易十二，他出生在布卢瓦城堡。他在布卢瓦城堡生活了很长时间，并修建了以他的名字命名的侧翼、圣加莱教堂和花园。

右下图 亨利三世在布卢瓦城堡杀害了吉斯公爵和他的兄弟——洛林地区的红衣主教。这两人是天主教联盟的首脑，威胁要废黜亨利三世。这幅画描绘了朝臣们站在被谋杀的公爵的尸体旁热烈讨论的情景。

左图 凯瑟琳·德·美第奇王后的私人房间里有 237 块木板，上面嵌有纯金，遮挡着秘密的储藏室。巨大的拱形窗户照亮了这个位于弗朗索瓦一世侧翼的密室。

下图 弗朗索瓦一世雄伟的螺旋式楼梯建在八角形塔楼里。两侧的攀爬阳台与内部螺旋式楼梯相对应，并以精巧的阿拉伯花饰图案雕刻作为点缀。

右上图和右中图 国王厅长90英尺（约27米），宽59英尺（约18米），高39英尺（约12米），建有漂亮的窗户，上面绘有君主的象征。刺猬（右上）即路易十二的标志。白鼬（右中）是路易十二的妻子布列塔尼的安娜的标志。

右下图 弗朗索瓦一世建造的螺旋形楼梯的台阶又宽又低，甚至可以骑马攀登上去。虽然这在今天看来令人难以置信，但当时的许多贵族住宅，都同样出于此目的建有低矮的台阶。

布卢瓦城堡，他们的孩子查理九世和亨利三世也是如此。这场战争对法国造成了破坏，使存在极端天主教的巴黎成为这些统治者不愿居住的地方。事实上，尽管他们是天主教徒，也竭力想摆脱这场战争。亨利三世在布卢瓦城堡谋杀了吉斯公爵和他的兄弟——洛林地区的红衣主教，因为他们是天主教联盟的首脑，威胁要废黜亨利三世。吉斯公爵收到过提防亨利三世的提醒，但他认为亨利三世是个懦夫，不敢做出什么大胆的事。吉斯公爵到达城堡时被皇家卫兵刺死。几天后，当国王的母亲凯瑟琳·德·美第奇躺在布卢瓦城堡的房间里奄奄一息时，她对亨利三世说："先除掉，再联合。"然而，亨利并没有机会按他母亲的建议做，因为不久之后他也倒在了一个天主教修士复仇的匕首之下。

亨利三世去世后，布卢瓦城堡被废弃。亨利四世成为王位继承人，并在城堡里庆祝了他与亨利三世的妹妹玛格丽特的订婚，此后，他很少去布卢瓦城堡，他的儿子路易十三也是如此，在红衣主教黎塞留的建议下，他把城堡作为他母亲玛丽·德·美第奇的镀金监狱。尽管所有人都知道这位显赫的囚犯身材肥胖，但在1619年，也就是玛丽·德·美第奇被关押在城堡里两年之后，她还是用绳梯成功逃脱了。布卢瓦城堡后来被国王的弟弟加斯东·让·巴蒂斯特王子选为夏日行宫，他诡计多端，建立了一个备用王宫。王子把查理九世的套房和弗朗索瓦一世的部分翼房拆掉了，以便为建筑师弗朗索瓦·芒萨尔雄心勃勃的计划腾出空间，但这项计划只完成了一部分。加斯东1660年去世后，布卢瓦城堡几近废弃。19世纪，城堡被用作军队的营房，于1843年至1870年间进行修复。虽然在修复中使用了那个时代典型的夸张装饰形式（后来被拆除），但这使得城堡不再破败。（G.G.）

右上图 国王厅是一座巨大的拱形大厅，建有多色柱子，设计宏伟，可以容纳参与代表法兰西王国议会的三个"阶层"的会议的人员：贵族阶层、神职人员和资产阶级。

　　布卢瓦城堡选址于旧石器时代的定居点，这证实了城堡的优越地理位置。关于城堡的最早文献记载可以追溯到9世纪，当时城堡是布卢瓦伯爵的领地，直到13世纪，他们还多次尝试重建城堡。15世纪末，尽管城堡当时的布局是典型的哥特式，但还是增建了巨大的窗户、凉廊和天窗。一部分建筑是在弗朗索瓦一世时期建造的。这些法国文艺复兴早期的杰作有着带高大烟囱的石板屋顶、令人赞叹的天窗、镂空的栏杆、意大利式的檐口、壁柱环绕的窗户和水平的装饰线条，这些

上图 弗朗索瓦一世的翼房十分宏伟，装有巨大的壁炉，比如这个浮雕壁炉，仅此一物就足以装饰整个房间。

元素构成卢瓦尔河畔所有城堡的主要建筑风格。最著名的建筑元素是设置在八角形塔楼上的螺旋形楼梯，塔楼朝向皇家庭院突出；国王和他的随从会站在塔楼三层的阳台上欢迎客人。亨利四世很喜欢这座城堡，并围绕花园建造了一条长 655 英尺（约 199.644 米）的门廊。加斯东·让·巴蒂斯特让弗朗索瓦·芒萨尔在建筑上增建了一个古典风格的侧翼，与加斯东想拆除的文艺复兴风格的建筑产生冲突。18 世纪，城堡被废弃，花园也被分成了几块。（G.R.）

右图 让·克卢埃绘制的弗朗索瓦一世画像在卢浮宫展出。这幅画像的主人公选择这里作为他的住所似乎是因为周围的森林里有很多的猎物，同时也因为美丽的图里伯爵夫人住在附近的城堡中。

跨页图 1519 年，弗朗索瓦一世开始重建尚博尔城堡，城堡以前是布卢瓦伯爵的狩猎小屋。弗朗索瓦一世在这里度过了他生命中的最后几年，但在他去世前，这座巨大的城堡还没有完工。

法 国
尚博尔城堡

Chambord

卢瓦尔河谷城堡群中现在最非凡的尚博尔城堡，尖顶建筑和塔楼成群，有 440 个房间、60 个楼梯、365 个壁炉和大面积绿地，而曾经的尚博尔城堡只是一座简陋的狩猎小屋，为布卢瓦伯爵所有，国王弗朗索瓦一世于 1519 年购买了它，并决定将其重

上图 尚博尔城堡屋顶童话般的外观，以及众多的尖塔、烟囱和尖顶建筑，在这幅保存在尚蒂依孔代美术博物馆的安德鲁埃·杜塞尔索的画中清晰地呈现出来。

左图 在马丁·皮埃尔·德尼的这幅作品中，尚博尔城堡从半透明的背景中浮现出来，在地平线上显得格外突出。这幅作品描绘了 1722 年左右奥尔良公爵组织的狩猎比赛期间城堡的景致，在画面的前部，他正骑在马背上。

跨页图 这座建筑主体设计较为简单，城堡主体是建有圆形塔楼和巨大长方形窗户的建筑，泛滥的元素使屋顶成为名副其实的建筑丛林，二者形成了鲜明的对比。

上图 侧面的塔楼顶部是灯笼样的尖顶，上面有大窗户，以及没有实际功能的装饰性烟囱。

建。重建花了 15 年时间，动用 1800 名工人才完成了中央部分，翼房是后来加建的。有人说该建筑图纸是达·芬奇设计的，但并没有证据。事实上，没有人知道设计尚博尔城堡的建筑师的名字，而这座城堡可能是一群法国人和意大利人的杰作，他们合力实现了君主的梦想。

尚博尔城堡是弗朗索瓦一世最喜欢的住所，因为他热爱打猎，而且还爱上了图里伯爵夫人，后者就住在附近的城堡里。弗朗索瓦一世在这里迎接了查理五世，也在这里度过了他生命中的最后几年。他的儿子亨利二世继续这项重建工作，但他也没能活到城堡完工。亨利二世经常到这里来，被周围森林中丰富的猎物所吸引。亨利会和他的王后凯瑟琳·德·美第奇一起在城堡附近的森林里打猎一整天。晚上，王后和她的占星师们一起爬上屋顶，凝视星空，从星象里解读王国的未来。在路易十三和路易十四统治时期，尚博尔城堡再次成为狩猎小屋，但路易十四在城堡里举行了令人难忘的活动。他让莫里哀的喜剧在这里表演，比如1670年上演的《贵人迷》。

在18世纪，尚博尔城堡接待了被废黜且被赶出国境的波兰国王斯坦尼斯瓦夫一世，以及带来自己的军队并重振弗朗索瓦一世辉煌的萨克森元帅。拿破仑在这里建立了一个荣誉军团宫廷，然后将其送给了贝尔捷元帅。1821年，元帅遗孀因无力承担巨额维护费用被迫将城堡卖掉。尚博尔城堡通过全国性的认购被买下，赠予刚出生的波尔多公爵，他是在贝里公爵被极端分子暗杀后所生的"奇迹之子"。波旁王朝倒台后，法国政府曾试图没收该城堡，但经过长达20年的审判，法庭最终承认了公爵对城堡的所有权。1883年，波尔多公爵去世后，波旁－帕尔马家族继承了尚博尔城堡。由于帕尔马家族在第一次世界大战中曾效忠于奥匈帝国军队，法国政府行使了优先购买权，并在其继承人之间又一次似无休止的审判结束后接管了城堡。（G.G.）

弗朗索瓦一世（1519年登基）痴迷于意大利文艺复兴艺术，甚至拆除了一座古代城堡，因此城堡的阿拉伯式外观可以说是他的功劳，正如夏多布里昂把城堡比作"发丝间包裹着风的女人"。城堡设计受列奥纳多·达·芬奇的影响十分明显，而且与多梅尼科·达科尔托纳在查理八世时期制作的木制模型也有明显的联系。该模型城堡主塔为方形，十字形的房间将每一层分为四个部分。尚博尔城堡的工程一直持续到1547年左右，城堡的布局铺展开来，

上图 尚博尔城堡的房间配备有时代感的家具、亚眠挂毯、珍贵的地毯和天篷床，保持了城堡黄金时代的特质。照片中是阅览室一角。

下图 路易十四将尚博尔城堡当作狩猎小屋，并在城堡举行奢华的宴会。这是他的典礼卧室，建于1681年，1748年用取自凡尔赛宫的板材重新装饰。

上图 这张鸟瞰图中，城堡是由尖塔、塔楼和烟囱组成的奇妙迷宫，夏多布里昂把城堡比作"发丝间包裹着风的女人"。

左图 弗朗索瓦一世想在尚博尔城堡建造与布卢瓦城堡一样的一个宏伟的双螺旋楼梯。楼梯有 26 英尺（约 7.9 米）宽，拱顶装饰有雕刻花格沉板。

使得作为国王宫廷所在的城堡主塔位于弗朗索瓦一世增建的翼房和意大利式小教堂之间，象征性地位于君主与上帝之间。坚固的圆柱形塔楼向上逐渐延伸成锥形，屋顶和烟囱看起来几乎不成比例，这是中世纪建筑结构的遗迹。城堡的上部建有许多意大利式古典建筑的上部结构常出现的天窗、亭子、小塔楼和三角楣饰点缀着城堡。宽阔的露台采用达·芬奇风格建造，国王的随从们会去露台散步，或者找个安静的地方坐下来观赏风景和狩猎。然而，最重要的是，由八根方柱支撑的双螺旋楼梯深刻地反映了意大利大师对城堡建造的影响，双螺旋楼梯建在四个大厅的交汇处，形成一个十字路口，连接着城堡的各个楼层。各个楼层被划分为多个独立公寓，但装潢布局完全相同，复刻了美第奇别墅的布局，花格天花板展示出一种古典风格。几乎 440 个房间全都设有壁炉，但所有的厕所都在一楼。（G.R.）

左图 复辟后，尚博尔城堡通过全国认购的方式被买下，送给了刚出生的波尔多公爵，也就是国王查理十世的孙子，老国王在城堡住过几次。图中是他的台球室。

下图 城堡里最珍贵的家具包括一系列非凡的挂毯。这幅作品是 17 世纪由亚眠的工匠根据西蒙·武埃的草图制作的，描绘了奥德修斯在卡吕普索岛登陆的情景。

上图 奥德修斯终于回到了伊萨基。在这幅同样根据西蒙·武埃的草图制作的亚眠挂毯上，画中，奥德修斯他的狗阿尔戈认出了他。

舍农索城堡

卢瓦尔河谷城堡群中最壮观的城堡建在横跨谢尔河的五拱桥上，城堡的历史全都与女性相关。1515 年，富可敌国的诺曼底财政部部长托马·波黑尔在坚固的磨坊地基上建造了一座法国文艺复兴早期风格的方形城堡。然而，城堡实际上由他的妻子卡特琳·布里索内负责监督施工。1523 年 [1]，波黑尔在意大利去世时，城堡仍未完工。国王弗朗索瓦一世的母亲萨瓦·路易丝让人没收了波黑尔的儿子安托万手中部分完工的建筑，作为其父亲对王室造成财务过失的赔偿。1547 年，亨利二世刚登上王位就把城堡交给了他的情人黛安娜·德·普瓦捷，后者聘请了建筑师菲利贝尔·德洛姆设计了河上的桥拱。然而，国王于 1559 年去世，他的妻子凯瑟琳·德·美第奇终于在她的敌人面前占了上风。凯瑟琳成为法国的摄政王，权势滔天，渴望复仇，强迫黛安娜离开舍农索城堡，并让德洛姆将桥拱上方的长廊建完。凯瑟琳在城堡举办了纸醉金迷的派对和宴会，花了国库一大笔钱。凯瑟琳将城堡留给了她的儿媳洛林－沃代蒙的路易丝，

左下图 舍农索城堡横跨谢尔河，被认为是卢瓦尔河谷最好的文艺复兴时期风格住宅。

右下图 文艺复兴时期风格的花园的外形简单，线条粗硬，与朴素的白色城堡完美搭配。财政部部长托马·波黑尔于 1515 年开始建造该城堡。然而，波黑尔于 1523 年去世，当时城堡尚未完工。

1　据大英博物馆官方网站数据，波黑尔于 1524 年去世。——译者注

下图 国王亨利二世将这座未完工的城堡作为礼物送给了他的情人黛安娜·德·普瓦捷，后者聘请了建筑师菲利贝尔·德洛姆设计了河上的桥拱。然而，当国王去世后，黛安娜被迫将城堡还给了王后。

下页跨页图 波黑尔的城堡（左）建在一个坚固的磨坊地基上，沿着两侧有四个圆塔。黛安娜·德·普瓦捷决定在五拱桥上增建一条横跨河流的长廊。

也就是亨利三世的妻子，亨利三世于 1589 年被谋杀身亡。路易丝把自己关在舍农索城堡。她一直穿着白色的衣服（皇室的丧服颜色），住在一个全黑的房间里，房间装饰着银质的丧葬图案——头骨、眼泪、骨头和掘墓人的铲子，她不断为她丈夫的灵魂念诵《玫瑰经》。1601 年，路易丝去世，城堡由旺多姆家族和孔戴家族接管。然而，两个家族几乎废弃了这座城堡，直到 1730 年，城堡被金融家克劳德·迪潘接管。克劳德和妻子修复了这座奇迹般的建筑，并在城堡接待了巴黎的社会精英。

美丽的迪潘夫人是一位富有魅力而聪明的女主人，让－雅克·卢梭被聘为她的私人教师，无可救药地爱上了她——却是单相思。克劳德·迪潘去世后，迪潘夫人搬到了舍农索城堡长期居住。迪潘夫人广受尊重，在恐怖统治时期，雅各宾派甚至仍然允许她在家中安然生活，1799 年她在城堡去世，享年 93 岁。后来，城堡数易其主，直到现在，舍农索城堡仍然归私人所有。（G.G.）

由于城堡建筑结构独特，横跨谢尔河，很容易被误当成一座有顶的桥。德洛姆是舍农索城堡的建筑师，他建造了少有的双层翼房，其外墙的前部设计巧妙，每侧有18个窗户和9个天窗。上层作为舞厅使用，装饰非常华丽。现在，这些房间仍然布置得非常奢华，特别是凯瑟琳·德·美第奇、旺多姆·塞萨尔、加布丽埃勒·德·埃斯特雷和路易十四的房间，这些房间里有普里马蒂乔、纳蒂埃、凡卢、里戈和鲁本斯的画作、佛兰德的挂毯，以及让·古戎的纪念壁炉。馆内有一个小型蜡像馆，展示了舍农索城堡的日常生活场景。黛安娜·德·普瓦捷和凯瑟琳·德·美第奇的花园就在城堡对面。（G.R.）

上图 华丽的雕花壁炉框住了凯瑟琳·德·美第奇的画像，她正在画像中俯视着游客。这位王后在丈夫去世后成为法国的摄政王，舍农索城堡成了她最喜欢的住所。

下图 凯瑟琳·德·美第奇为数百名客人举办宴会，耗费了国库巨额资金，但宴会是摄政王的政治和外交职责的一部分。一支名副其实的厨师大军在巨大的厨房里准备着精美的菜肴。

上页上图 许多法国皇室的成员都曾在舍农索城堡居住过。这个房间有一个巨大的壁炉，为旺多姆·塞萨尔所有，他是国王亨利四世和他的情人加布丽埃勒·德·埃斯特雷的儿子。

上页左下图 弗朗索瓦一世最喜欢的徽章图案——火蜥蜴和白鼬，装饰着路易十四大殿里的壁炉。弗朗索瓦一世在这里打猎时，会住在博伊尔城堡里。

上页右下图 凯瑟琳·德·美第奇从她的敌人黛安娜·德·普瓦捷手中夺走舍农索城堡后，建造了长廊，并在长廊举行了奢华的宴会和派对。图中是她的卧室。

上图 黛安娜·德·普瓦捷的辉煌：弗朗西斯科·普里马蒂乔的
这幅画将亨利二世的美丽情人描绘成狩猎女神黛安娜，周围是
讨人喜欢的丘比特。

下页图 黛安娜·德·普瓦捷的房间也被称为王后厅，房间里挂有
16 世纪的佛兰德挂毯，描绘了华丽而快乐的宫廷生活。在法国，
整个宫廷的人员会在城堡与城堡之间移动。

阿宰勒里多城堡

左图 阿宰勒里多城堡是由城堡主人金融家吉勒·贝特洛的妻子监督建造的。这幅画是他 18 世纪的后代之一——玛丽·亨丽埃特·贝特洛夫人的画像。

右图 阿宰勒里多城堡的外墙倒映在安德尔河的水中，造型简单而优雅，令人赞叹。城堡的一部分是由河中的桥墩支撑的。

　　与舍农索城堡的建造者相似，阿宰勒里多城堡，被巴尔扎克描述为"镶嵌在安德尔河上的钻石"，是由一位成功的金融家吉勒·贝特洛建造的。萨瓦·路易丝将城堡从其原主人手中没收，后者勉强免于一死，逃到了佛兰德。弗朗索瓦一世的母亲对那些被她称为"法国财政的不可或缺的牺牲者"所积累的巨大财富毫不留情。在阿宰勒里多城堡建造过程中也可以看到女性的影子：城堡是由亡命者吉勒·贝特洛的妻子监督建造的。

　　王室为赚钱出售了城堡，阿宰勒里多城堡数易其主。17 世纪，城堡被亨利·德·贝林根买下，他是路易十三宫廷里的一位富绅，因为拒绝向黎塞留透露国王的秘密惹恼了这位可怕的红衣主教。为了摆脱红衣主教的报复，贝林根流亡到了德国。他的儿子雅克·路易继承了阿宰勒里多城堡，也参加了轰动一时的冒险。当雅克骑马前往凡尔

上图 阿宰勒里多城堡标志着卢瓦尔河谷贵族住宅历史的一个转折点，即从中世纪堡垒到度假别墅的转变。

右图 从空中看去，城堡被绿色植物和池塘所包围，确实像"一颗镶嵌在安德尔河上精雕细琢的钻石"，这是巴尔扎克对城堡生动的描述。

上图 在弗朗索瓦一世的房间里，无处不在的火蜥蜴在巨大的壁炉上显得格外突出，这是国王最喜欢的徽章图案。这座城堡现在是文艺复兴博物馆所在地。

左图 路易十四的元帅皮埃尔·费利·德拉贝尔的肖像是 17 世纪蓝色房间的焦点，这里曾是元帅的房间，因其装饰的颜色而得名。皮埃尔·费利·德拉贝尔元帅在 1705 年尼斯围攻战中被杀。

赛时，他被一个荷兰船长绑架了，起因是船长与其流氓朋友打赌，说他可以潜入法国并绑架一个名人。作为受害者的雅克得到了极大的尊重，当绑架他的匪徒被捕时，他转而在自己的城堡里招待他们，同时"等待国王的命令"。雅克在法庭上向大家介绍他们，带他们去看歌剧，总之是以一种伟大的体育精神对待他们。此后，阿宰勒里多城堡被多次出售，直到1905年最终成为政府财产。虽然其巨大的公园大部分都被卖掉了，但城堡得到了精心修复。(G.G.)

卢瓦尔河谷曾经遍布古老的城堡，但现在却什么也没有留下，阿宰勒里多城堡也是如此。取而代之的是一座极力模仿意大利建筑风格的城堡，建在安德尔河的拐弯处。用驳船和马车运送专门从谢尔河谷运来的乳白色凝灰岩，并由桩子支撑起来。其 L 形布局与众不同。高大的石板屋顶是残存的哥特式结构，三角楣饰、天窗、涡卷形装饰花纹和贝壳形装饰将屋顶装饰得轻盈优雅。城堡正面有巨大的窗户，带柱头的柱子支撑着檐口，一排优雅的梁托连接着四个锥形屋顶的圆角塔。城堡内部，各层楼由笔直的楼梯连接，楼梯的天花板由石制的花格沉板装饰，用拱门分隔开。这对法国当时刚刚起步的文艺复兴风格建筑来说是崭新的建造结构（在此之前，建筑中只使用中世纪的曲折楼梯）。现在，这座城堡是文艺复兴博物馆的所在地。(G.R.)

上图 和卢瓦尔河谷的所有城堡一样，阿宰勒里多城堡的厨房很大，光线明亮，设计时考虑到了实用性，可以容纳很多人在厨房舒适地工作。

右图 城堡的博物馆收藏有大量的艺术品。这是一幅 17 世纪的挂毯，由巴黎工匠根据西蒙·武埃的底图制作而成，描绘了耶路撒冷解放的一个情节。

法 国

维朗德里城堡

Villandry

维朗德里城堡风景优美，是最纯正的法国文艺复兴风格的绝佳代表，而城堡的花园则赋予维朗德里独特的魅力。方形花园经过精心修剪设计，颜色随季节变化。在以爱情为主题的露台花园里，围栏的布局设计成各种各样的爱情象征。黄杨木围成的心

上图 城堡由弗朗索瓦一世的国务秘书雅克·勒布雷顿于 1532 年建造，采用了纯粹的文艺复兴风格。文艺复兴风格在法国成功地取代了晚期的哥特式。

跨页图 维朗德里城堡并非因为自身的建筑出名，而是因其奇妙的花园而闻名。花园是根据建筑师安德鲁埃·杜塞尔索的原始图纸精心重建而成的。

左图 皇家庭院三面被三座建在大拱肋上的建筑包围，庭院朝谢尔河和卢瓦尔河谷敞开。建筑物巨大的地基被完全浸泡在水中。

形和火焰代表"深情的爱"，扭曲的心形代表"热烈的爱"，剑和匕首代表"悲惨的爱"，扇子和字母则象征"转瞬即逝的爱"。西班牙百万富翁约阿希姆·卡瓦略博士致力于复兴这种已经失传了几个世纪的园艺技术。1906 年，他在购买维朗德里城堡时，发现了建筑师安德鲁埃·杜塞尔索的原创设计，于是抛弃了之前为填满花园而种植的英国园林植物。

维朗德里城堡于 1532 年始建，由弗朗索瓦一世的顾问和国务秘书雅克·勒布雷顿负责。勒布雷顿购买这片土地之时，上方仍有一座中世纪的堡垒，城堡建造时融合了该堡垒巨大的方塔。18 世纪，勒布雷顿最后的子孙将维朗德里城堡卖给了卡斯特拉内侯爵，他决定将其改造成"英国风格"。卡斯特拉内侯爵去世后，他的儿子继续父亲未完成的工作。我们现在所欣赏的露台被山丘和山谷遮挡，小路蜿蜒，茂密的树林如画般排列着，这就是卢梭的追随者们热衷的设计风格。同时，城堡的外墙也由柱子和假窗装饰，以抵消"令人不悦的不对称性"。

在法兰西第一帝国的某一时期，该城堡属于拿破仑的长兄西班牙国王约瑟夫·波拿巴。拿破仑政权倒台后，维朗德里城堡被卖给了银行家安盖洛家族。最后，维朗德里城堡被卡瓦略博士买下，他不仅恢复了城堡的原貌，还恢复了它的文艺复兴风格。（G.G.）

16世纪30年代，在夷平此处原有的封建堡垒后，建立了这座优雅的城堡。新建筑平面图呈U形，有L形侧翼，建有巨大的十字形窗户、水平飞檐线脚以及用三角形

跨页图 雅克·勒布雷顿想把大方形塔楼融入新建筑。左边所示的塔楼是14世纪封建官邸的全部遗迹。

右图 露台上排列着三个花园，下层用来种植蔬菜，有9块方格，划分为多个花畦，不同的植物色彩斑斓，笔直的道路将花畦隔开。

左图 根据16世纪示爱的准则，维朗德里城堡花园里的几何图形上有一套复杂的符号代码。

顶饰和涡卷形装饰的巨大天窗，是典型的卢瓦尔河谷城堡建筑。然而，城堡的名气与其巨大的花园息息相关。花园最初按照意大利风格布置，排列在三个不同的平面上，在使用意大利建筑元素的基础上修改，增加了宽阔的道路、彩色的花坛、低矮的树篱和装饰性植物。最吸引人的一点是，大型彩色花坛中只种植水果和蔬菜，组成了各种几何图案（心形、马耳他十字架形、黄杨木方块形和由鲜花组成的象征爱情的图案）。（G.R.）

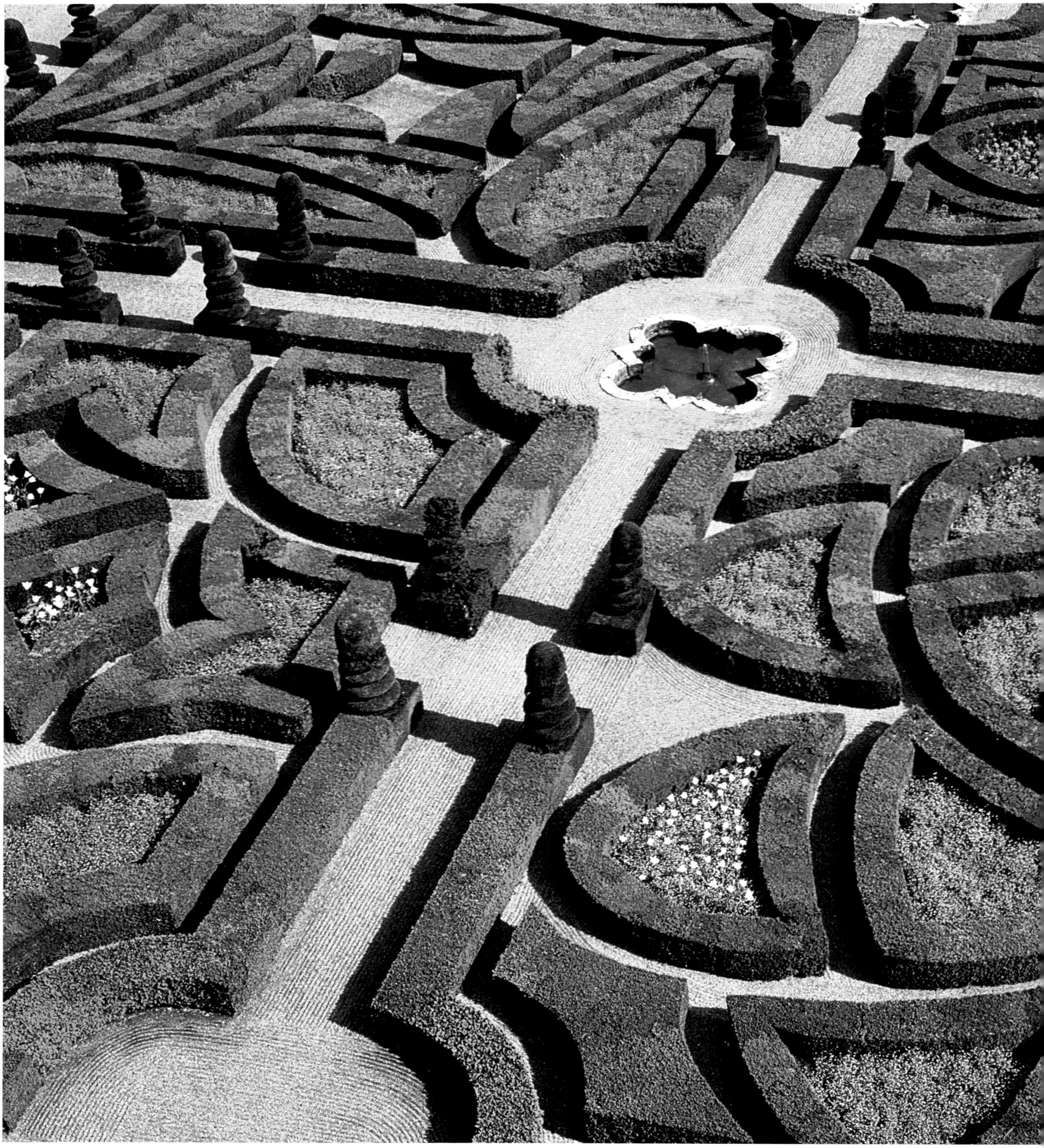

跨页图和右上图 西班牙百万富翁卡瓦略于 1906 年购买维朗德里城堡，并决定恢复花园的原始设计，城堡花园在 19 世纪初被卡斯特兰侯爵严重破坏。和所有 16 世纪的花园一样，维朗德里城堡也有一个黄杨木迷宫。

右中图 维朗德里城堡的观赏花园小路蜿蜒，引导游客到中间被人们叫作"黄杨木刺绣"的露台。

右下图 由各种植物组成的心和火焰、剑和匕首、扇子和字母在维朗德里城堡的花坛中说着自己神秘的语言。花坛由安德鲁埃·杜塞尔索设计。

若瑟兰城堡 *Fosselin*

公元 1000 年后不久，布列塔尼最著名的城堡建造于普洛埃梅勒附近的一个海角上。城堡由当地的贵族戈德诺子爵建造，并决定用他儿子若瑟兰的名字来命名。城堡塔楼下逐渐发展出一座小城镇，人们来到这里不仅是因为要塞能够提供安全保障，还因为这里是一个圣地。确切地说，200 年前，一个农民在荆棘丛下发现了一座不可思议的圣母木雕像，这个地方就是圣殿。戈德诺扩建了原来的小教堂，但城堡里的女人犯下了傲慢的罪行，虔诚的子爵也无法拯救：一个可怜的女人来到这些女人浣洗衣物的喷泉边，向她们讨口水喝，但若瑟兰城堡的女人们却把她赶走了，甚至放狗追她。然而，这个游荡的乞丐其实是圣母玛利亚。从那天起，若瑟兰城堡的女人和她们的后代在每年圣灵降临节的星期天都会像狗一样嚎叫，以此作为惩罚。

到了 1168 年，这座堡垒已经足以阻挡英格兰亨利二世的军队，亨利二世不得不对若瑟兰城堡长期围攻。为了发泄愤怒，亨利二世最终攻下城堡后，把城堡和城镇一同摧毁了。几年后，厄德二世子爵重建了城镇和城堡。

1351 年，在布列塔尼继承战争期间，体现中世纪骑士精神的最著名的事件之一——三十人之战就发生在城堡附近。罗贝尔·德·博马努瓦在彭蒂耶夫伯爵夫人的命令下担任若瑟兰城堡的看守人，带领 29 名骑士向 30 名英国骑士发起挑战，进行单人战斗。由理查德·本布罗指挥的英国人虽然占领了普洛埃梅勒，但仍被击溃。一个 19 世纪的方尖碑标示着比赛的场地。15 世纪，城堡被德·罗昂家族接管，为提高其使用率做出了各种改造。最后，在 1629 年，黎塞留为了平息法国贵族的叛乱野心，把城堡的防御工事和令人生畏的主塔拆毁了。法国大革命期间，这座废弃的城堡被用作监狱。在这一时期，圣母玛利亚的雕像被烧毁，圣殿被改造成智慧女神的圣堂。然而，一些信徒保存了雕像的碎片，现在被存放在圣骨盒中。德·罗昂家族最终在 19 世纪中期修复了城堡。(G.G.)

这座古老的城堡经历多次毁坏与重建。1491 年，法国国王查理八世偶然间帮助了城堡重建。他将迪南和勒翁五年的收入授予德·罗昂家族作为补偿，以便他们能够重建城堡。于是，阿兰和让·德·罗昂二世得以对城堡进行宏伟的修复，以布列塔尼文艺复兴的真正先驱——纯粹的火焰风格建造了内部立面，与城墙和防御装置形成了鲜

右图 城堡建在海角上，在英法百年战争中发挥了关键的军事作用。1351 年，展现中世纪骑士精神的著名事件——三十人之战就发生在城堡附近。

下图 建有圆锥形屋顶的圆塔外表凌厉，令人印象深刻，若瑟兰城堡的中央部分以令人惊叹的哥特风格建造。几个世纪以来，城堡经过多次改造，最终在 19 世纪得到了修复。

左上图 奥利维耶·德克利松和他的配偶被埋葬在城堡附近的龙西耶圣母大教堂里，那里曾经有一尊神奇的圣母像。

左下图和下页上图 在 17 世纪和 18 世纪，若瑟兰城堡几乎被德·罗昂家族遗弃了。大约在 1835 年，城堡终于得到大规模修复，恢复了这座建筑昔日的辉煌，现有家具非常奢华。

明的对比。确切地说，在乌斯特河一侧，城堡的外观凌厉粗犷，主体高耸，三座巨大的塔楼与低矮的河岸形成鲜明对比。黎塞留在法国胡格诺派领袖休斯·德·罗昂统治时代又将城堡的一部分拆除。在 17 世纪和 18 世纪，由于德·罗昂夫妇住在宫廷里，若瑟兰城堡缺乏照顾和管理。1760 年，两座塔楼被拆掉了，1776 年，德·罗昂公爵夫人在底层安装了一个小磨粉机。1835 年，查理·路易公爵开始了大规模修缮，城堡恢复昔日的辉煌。内部装修非常有趣，城堡内有珍贵的画作和精美的家具。（G.R.）

右图 带有法国王室金百合花的壁炉、18世纪的地球仪以及摆满装订精美的书籍的藏书室都可以在城堡的画室看到。

跨页图 阿尔萨斯平原的上考内格斯堡是一座多面的、复杂的城堡。城堡于19世纪末被送给德国皇帝威廉二世，20世纪初重建，重现了其15世纪的面貌。

法 国 *Haut Koenigsbourg*

上考内格斯堡

似乎早在罗马帝国时期，孚日山脉的山嘴上就建有两座防御建筑，俯瞰阿尔萨斯平原，建筑辽阔的视野将莱茵河和黑森林尽收眼底。12世纪，霍恩施陶芬的统治者在古代堡垒的废墟中建造新的建筑。1147年，其中一座堡垒归皇帝腓特烈一世所有，而另一座则被他的兄弟康拉德占有。城堡之后被洛林公爵接管，又于1359年被斯特拉斯堡的主教接管。上考内格斯堡俯瞰连接阿尔萨斯和洛林的贸易通道。在15世纪非常混乱的时期，城堡获得"殊荣"，成为骑士匪徒的避难所和据点。他们会从山顶的据点俯冲下来，袭击经过平原的富裕商队。最后城堡被武力占领后毁坏。

哈布斯堡王朝的新皇朝对城堡进行了修缮，并由提也斯坦伯爵、西金根伯爵和博尔弗里勒伯爵负责守卫。德国人在1871年占领了阿尔萨斯，19世纪，城堡被塞莱斯塔市买下，并于1899年送给了德皇威廉二世。威廉二世急于展示中世纪德国的盛况，于是指定修复专家、德国城堡保护协会的创始人、建筑师博多·埃布哈特按照15世纪的样子重建上考内格斯堡。建筑工程从1900年持续到1908年，过程精准科学，一丝不苟。10年后，一战结束，威廉二世最后一次参观了他的城堡。就在几个月后，法国人占领了上考内格斯堡，普安卡雷总统在城堡会见了元帅和将军们，庆祝阿尔萨斯回归法国。现在，上考内格斯堡在全世界的电影爱好者中也很有名。让·勒努瓦将上考内格斯堡作为他最伟大的作品之一——《大幻影》的场景，该影片是一部关于第一次世界大战的电影。（G.G.）

整个中世纪，人们不断对城堡进行现代化改造，特别是提也斯坦对城堡火炮所做的改造（1480—1521年），极大提高了城堡的稳定性，使城堡的支柱、扶壁和拱顶在外部堤垒受到攻击时仍能保持完好。漂亮的圆拱形双开窗、方形石砌主塔以及古老的法耳茨行宫，都采用了罗马式装饰，用红砂岩建造了这座施瓦本帝国要塞的全部遗迹。

上图 上考内格斯堡现有一座历史博物馆，收藏了大量中世纪时期和文艺复兴时期的家具和物品，城堡中还有一个大型军械库。在这张照片中可以看到部分军械库。

跨页图 15世纪的城堡主体上方有一个巨大的方形塔楼，该塔楼是这一时期德国城堡建筑的典型代表：这里是城堡的中心部分，城主们居住于此。

1872年，法国宣布上考内格斯堡废墟为国家级文物，随后移交给德国，博多·埃布哈特根据档案文件进行重建。我们今天看到的就是重建后的城堡。城堡的西侧有两个15世纪末的圆柱形主楼，其墙壁厚达30英尺（约9.14米）。建于1479年的中央主塔也得到了修复。城堡的顶部是一个体现了德国城堡建筑特征的高大的方形塔楼，也完全重建，并建造了倾斜屋顶。配有大炮的宽大防御外墙位于东侧，两侧是角楼。为了修复浮雕，埃布哈特委托雕塑家阿尔贝特·克雷茨施拉尔（1832—1909年）为所有作品制作石膏模型。埃布哈特还建造了历史博物馆，著名的利佩尔海德系列藏品中的箱子、衣柜、床、陶器、织物、武器和盔甲在博物馆展览。于是，上考内格斯堡成为宏伟的山地防御建筑典范，也是法国访问量较大的古迹。（G.R.）

阿什福德城堡

　　康镇坐落于梅奥郡（康诺特省）的马斯克湖和科里布湖之间，自然景色壮丽，吸引了大量游客。1952 年约翰·福特的经典影片《蓬门今始为君开》在此拍摄后，康镇成为古朴的爱尔兰村庄的代名词，闻名遐迩。然而，该镇最重要的旅游景点阿什福德城堡还没来得及出现在电影中。巨大的公园包围了城堡，城堡现在已经被改造成了爱尔兰最优雅但也是最昂贵的酒店。

　　盎格鲁－诺曼·德·布尔戈家族于 13 世纪建造了这座城堡，他们在打败了当时统治该地区的奥康纳家族后将城堡建在康诺特。德·布尔戈家族的后代扩建了城堡，将其改造成奢华的住所。18 世纪中叶，阿迪劳恩勋爵重建中央建筑，风格类似于法国城堡，但没有完全改变城堡 13 世纪的布局。1852 年，该城堡被爱尔兰颇有名望的家族——吉尼斯家族购买，吉尼斯家族将阿什福德城堡作为夏季居所。（G.G.）

左上图 阿什福德城堡的侧翼保留了古老的诺曼式外观，中央部分则在 18 世纪按照法国城堡的风格进行了改造。

下页下图 阿什福德城堡曾为吉尼斯家族所有，他们夏天会到城堡避暑。如今城堡已经被改造成了爱尔兰最豪华的酒店，共有 83 个房间，装潢风格年代久远。可以乘船沿河而上到达城堡。

上图 阿迪劳恩勋爵在 18 世纪买下城堡，重建了中央部分的建筑。他要求建筑师复制法国卢瓦尔河谷著名的城堡的设计。

上图 长长的建筑、原有的和翻新后的哥特式窗户上都爬满了常春藤。

左上图和左下图 阿什福德城堡的家居装饰充满了时代感。在绿宝石岛上，阿什福德城堡是最昂贵的酒店，自然，房间装饰也十分豪华。图片展示了餐厅的两个视角。

右上图和下页图 橡木厅是酒店里最重要的房间，房间的墙壁全部由橡木镶嵌而成，装饰着著名画家的画作、文艺复兴时期的陶瓷和东方瓷器。房间里的家具来自 17 世纪和 18 世纪，地板上铺了一张巨大的地毯。

爱尔兰中世纪建筑的艺术特点在阿什福德城堡的废墟中体现得淋漓尽致，城堡废墟经过重建后展现出一种浪漫主义的美感。阿什福德城堡现有的外观是 18 世纪时按照法国风格建造的，融合了中世纪城堡遗迹的风格。18 世纪中叶，爱尔兰富裕而著名的吉尼斯家族买下了阿什福德城堡，城堡成为占地 26000 英亩（约 10521 公顷）大庄园的中心。1939 年城堡被出售，随后被改造成岛上著名的酒店。1952 年，约翰·福特著名的电影（《蓬门今始为君开》，又译为《寂静的人》）拍摄时，明星们就住在这座城堡里。1970 年，城堡再次被出售并得到修复，周围的农场数量翻倍（几乎所有的农场都无人认领），形成了占地 350 英亩（约 142 公顷）、有土地和树林的庄园。1985 年，城堡被卖给了爱尔兰裔美国投资者，他们将城堡装饰得十分豪华。乘船也可以到达阿什福德城堡。城堡有 83 个装饰精致的房间，房间里有价值连城的家具、复杂的木雕、古董家具、美丽的画作、精致的瓷器和漂亮的壁炉。（G.R.）

苏格兰

爱丁堡城堡

EDINBURGH CASTLE

上图 苏格兰有三个代表性徽章：独角兽、带有苏格兰守护神圣安德鲁白色十字架的蓝色旗帜，以及在内缘饰边中以后腿站立的雄狮。有独特风格的蓟花图案也是苏格兰的代表。

右下图 在这幅17世纪的鸟瞰图中，城堡耸立在爱丁堡的小房屋之上，看起来更加令人赞叹。

上页图 爱丁堡城堡与其周围岩石悬崖的颜色较深，围绕爱丁堡城堡发展出了一座城市，城堡就坐落于城市上方的高原上。

　　苏格兰的首都建在山坡上，面向大海，因此人们把它比作雅典。同样，这里的城堡坐落在三面峭壁环绕的岩石上，与雅典卫城有着惊人的相似之处。此处高原崎岖不平，易守难攻，有证据表明这里存在史前定居点。修道院的编年史中记载，这里是少女城堡的所在地，皮克特统治者在战争期间将其作为女儿们的安全住所。诺森布里亚的第一位基督教国王埃德温于7世纪在此处建造了一座堡垒，并命名为埃德温自治市，也就是这座城市名称的由来。第一个居住在城堡的苏格兰统治者是马尔科姆·坎莫尔。1093年，他的妻子玛格丽特在这里去世，1251年玛格丽特被封为圣者。由于爱丁堡靠近英格兰边境，英格兰和苏格兰经常为之争斗，城堡在13到14世纪期间数次易主。

　　苏格兰历史上的许多关键事件都发生在爱丁堡城堡。1439年，7岁的国王詹姆斯二世被他的母亲藏在一个箱子里，从城堡里偷带出来，以躲避恶毒的宰相克赖顿。一年后，这位少年国王参加了历史上有名的"黑色晚餐"，其间客人道格拉斯伯爵遭到出卖，被人谋杀。1566年，玛丽·斯图尔特在城堡里生下了詹姆斯六世，也就是后来成为英格兰国王的詹姆斯一世。仅仅几天后，玛丽女王用一个篮子将孩子从城堡一侧的城墙放下来，救了他一命。玛丽尝试逃跑，结果被抓住囚禁在英格兰（1587年被斩首）。1573年，玛丽最后的追随者誓死保卫城堡。最后，指挥官尽管已经投降，但还是被绞死了。

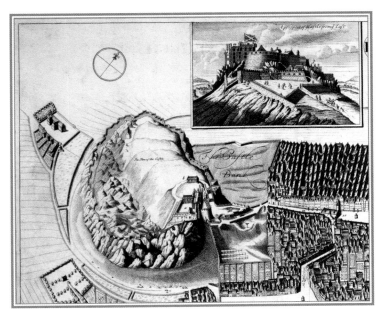

右图 大礼堂里有由 6 根巨大的柱子支撑的壁炉，这里还陈列着 16 世纪和 17 世纪的武器和盔甲，包括青铜大炮。

1650 年，克伦威尔在短暂围攻后占领了该城堡。1745 年，驻军拒绝向年轻的王位顶替者查尔斯·爱德华·斯图亚特王子（"英俊王子查理"）打开大门，后者试图为其继承人夺回苏格兰王位，但也只是徒劳。拿破仑战争期间，无数的法国囚犯被关在城堡里。（G.G.）

跨页图 从公主街的花园上方看去，爱丁堡城堡的城墙的高度能达到500英尺（152.4米）。城墙顶部是城堡的屋顶，建于15世纪，随后改造。

右图 城堡入口建于维多利亚时代，两侧是两位苏格兰英雄威廉·华莱士和罗伯特·布鲁斯的雕像，入口通向一处旷地，在此处会进行军事表演。

左图 苏格兰皇家象征陈列在王冠室中：詹姆斯五世于1540年重新制作的王冠、詹姆斯四世于1494年从教皇亚历山大六世处得到的权杖以及教皇朱利叶斯二世于1507年送给詹姆斯四世的剑。

　　人们认为爱丁堡城堡是大不列颠最坚不可摧的城堡之一。城堡不断被改造，因此几乎没有留下任何中世纪建筑的痕迹。堡垒外墙沿着岩峰的轮廓建造，俯瞰着城市，现有的建筑看起来像夹在城堡外墙之间。每年都会在这里举行著名的阅兵式，城堡尽管仍然有驻军，但已不再作为皇家住所。现在，爱丁堡城堡中有一座深受游客欢迎的博物馆，人们也会参观王宫和圣玛格丽特教堂。在主入口前有一条干涸的护城河。城堡最重要的建筑都在皇宫院子周围，当时玛丽·斯图亚特生下詹姆斯一世的套房就在此处。苏格兰王室的珠宝也保存在这里（这些珠宝"遗失"多年，直到沃尔特·斯科特爵士在密室中找到它们），城堡还收藏有华丽的武器和盔甲。城堡中最著名的物品之一是17世纪在荷兰制造的巨型大炮——蒙斯玛格大炮，人们认为这是苏格兰的象征之一。1754年，这门大炮被运到了伦敦塔，这对苏格兰人来说是一种冒犯。1829年，在爱丁堡市民的欢呼声中，大炮又回到了城堡。（G.R.）

格拉姆斯城堡

Glamis Castle

下图 格拉姆斯城堡的屋顶，就像所有苏格兰富丽堂皇的城堡的屋顶一样——装饰性特点很多：塔楼、天窗、三角形顶饰、烟囱和锥形屋顶像石林一样环绕着古老的巡查道。

　　格拉姆斯城堡因威廉·莎士比亚而闻名于世：在莎士比亚的作品中，麦克白的悲剧就发生在格拉姆斯城堡，据说他在城堡里谋杀了邓肯国王。实际上，麦克白的悲剧发生时，这座城堡甚至还不存在。直到 1372 年，国王罗伯特二世才将该庄园授予约

翰·莱昂爵士，随后他与国王的女儿乔安娜结婚。约翰爵士在此处建造了一座狩猎小屋，后来又扩建并装饰了小屋。16世纪初，莱昂家族蒙受耻辱。第六代格拉姆斯勋爵约翰死后，他的妻子被指控为女巫，被长期关押在黑暗的牢房里，导致失明，最后他的妻子被烧死在爱丁堡城堡前的火刑柱上。

约翰的小儿子也被关进了监狱，苏格兰王室没收了格拉姆斯城堡。国王詹姆斯五世，即玛丽·斯图亚特女王的父亲，将宫廷安置在格拉姆斯城堡，从1537年居住至1542年。国王去世后，格拉姆斯勋爵被释放，财产也归还给了他，但城堡只剩下一个空壳，苏格兰皇室拿走了城堡里所有的家具和银器。

右图 格拉姆斯城堡为英国皇室所有，是苏格兰参观人数最多的城堡，这也要归功于城堡传说中的三个鬼魂和莎士比亚，后者把格拉姆斯城堡作为悲剧故事《麦克白》发生的场所。

下图 这张照片拍摄了令人眼花缭乱的建筑尖顶，顶部是华丽的几何形状雕塑，极具创意。

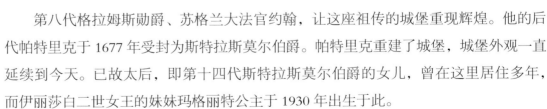

第八代格拉姆斯勋爵、苏格兰大法官约翰，让这座祖传的城堡重现辉煌。他的后代帕特里克于1677年受封为斯特拉斯莫尔伯爵。帕特里克重建了城堡，城堡外观一直延续到今天。已故太后，即第十四代斯特拉斯莫尔伯爵的女儿，曾在这里居住多年，而伊丽莎白二世女王的妹妹玛格丽特公主于1930年出生于此。

据说城堡里有三个鬼魂出没：被当作女巫烧死在火刑柱上的格拉姆斯夫人、悲伤至死的灰夫人以及打牌输给魔鬼的大胡子伯爵。（G.G.）

在苏格兰北部高地人迹罕至的地带，即使在最小的城堡里，苏格兰的建筑也总是带有半军事化的特点，其军事化的建筑起源于中世纪，因此苏格兰的军事化建筑往往比在英格兰看到的要早。尽管后期的苏格兰城堡受法国的建筑风格影响很大，但仍保留了自己的特征，例如格拉姆斯城堡具有代表性的 L 形塔楼。桶形拱顶和拱肋将塔楼划分为二到三层主楼，细分为四到六层木制夹层楼。格拉姆斯城堡的旧塔楼高低起伏，规模庞大，保护城堡免受敌对家族的袭击。17 世纪，第三代斯特拉斯莫尔伯爵将城堡内部装饰得十分华丽，并在城堡周边设计了景观，但城堡的名声与其无数传说有关：最著名的一个传说是关于从未被人发现的神秘密室。在 20 世纪初的一次聚会中，斯特拉斯莫尔伯爵决定寻找这间密室，他让客人们在城堡每个房间的每个窗户上系一条白布。系完之后，人们来到花园里集合。他们惊讶地发现，有七扇窗户上没有白布。（G.R.）

跨页图 客厅的粉红色墙壁上悬挂着一系列肖像画，房间有拉毛粉饰拱顶。还有一幅大型家庭画像，画中是斯特拉斯莫尔第三代公爵和他的孩子们。

左上图 高大的餐厅镶嵌橡木板装饰，于 1851 年至 1853 年间建成，墙上挂着大幅家庭画像。餐厅位于城堡在 17 世纪末重建的侧翼上。

左下图 城堡的台球室于 1773 年始建，1776 年完工，房间里装饰着价值连城的 17 世纪壁毯和定制书架。天花板上的拉毛粉饰于 1903 年完成。

右图 第十四代斯特拉斯莫尔伯爵的女儿于 1923 年嫁给了未来的国王乔治六世，成为伊丽莎白二世女王的母亲。照片中是她套房里的画室。

加的夫城堡

Cardiff Castle

加的夫城堡典型的维多利亚时代外观要归功于建筑师威廉·伯吉斯，他满足了城堡主人，即第三代布特伯爵建造中世纪建筑的愿望。这座城堡名副其实具有历史意义，因为其历史可以追溯到罗马人时代，他们占领了威尔士南部，建造了古罗马兵营，控制了刚被他们征服的凯尔特人。

原来的堡垒只算得上一个临时掩体，诺曼人转而在原来的堡垒废墟上建造了一座石制城堡，用栅栏围住。据说征服者威廉一世的长子罗伯特在被囚禁30年后死于此处。1158年，不屈不挠的威尔士人愚弄了诺曼城主。胆大无礼的森亨尼德勋爵艾弗·巴赫

跨页图 在加的夫城堡的众多建筑中，只有少部分是保留下来的原始建筑。历史爱好者布特伯爵雇用维多利亚时代的建筑师重建了城堡大部分建筑，建筑设计富有创意。

发动了一场突袭，抓住了毫无准备的城主和他的妻子，森亨尼德勋爵给这对夫妇戴上了镣铐，"直到他们向遭受不公的人民做出补偿"。13 世纪末，吉尔伯特·德克莱尔几乎重建了整座城堡。

1490 年，当英格兰都铎王朝的建立者、出生于威尔士的亨利七世（1485—1507 年在位）接管城堡时，翻新了建筑内部，将城堡重建成贵族住宅。1551 年，爱德华六世将其送给威廉·赫伯特爵士，即布特伯爵们的祖先。从 1790 年开始，历代布特伯爵一直是城堡的所有者，直到 1947 年，加的夫城堡由市政府接管。（G.G.）

作为维多利亚时期独特的建筑，这座位于加的夫市中心的建筑是为第三代布特伯爵约翰·帕特里克·克赖顿－斯图尔特建造的。第二代布特伯爵将这座城市转变为英国

上图 钟楼的射孔和尖窗上装饰着盾徽和多色雕像，现在钟楼上开办了一所音乐戏剧学校。

右上图 城堡位于市中心外，坐落于占地面积广大的布特公园的一端，厚厚的城墙将其包围，呈长方形布局。

右下图 威尔士人的象征是画在绿白背景上的红龙，旗帜在建筑群中诺曼人的堡垒上飘扬。

最重要的煤炭出口港口，从而获得了巨大的财富。确切地说，他被认为是当时最富有的人。他对中世纪有着深深迷恋，希望能有一座体现出中世纪所有传奇特点的住所。尽管部分墙壁有 2000 年的历史，但这座城堡是哥特复兴风格的首批建筑之一。建筑师威廉·伯吉斯在城堡 18 世纪的建筑主体上加建了五座塔楼，其中包括壮观的钟楼。每个房

间都装饰着受到各种主题启发的物品，数量多到令人惊叹。除了阿拉伯和印度风格的装饰，城堡甚至还建有地中海式花园。例如，在赫伯特塔的阿拉伯室，天花板装饰华丽，大理石壁炉镶嵌有青金石和粉色石英等仅次于宝石的矿石。城堡请来了当时顶尖的工匠建造宴会厅。图书馆及其中极为稀有的藏书得到了特殊关注和爱护。（G.R.）

跨页图 宴会厅装饰着 22 幅壁画，嵌有彩色玻璃窗，描摹了几个世纪以来加的夫的不同领主，宴会厅的主墙上有巨大的城堡状壁炉。

上图 布特伯爵喜欢的鲜艳装饰随处可见：这幅用大量耀眼的黄金制品和珐琅制品装饰的中世纪场景的幻影画，位于冬季吸烟室中。

右上图 图书馆是城堡中最简单的房间，其布置类似于修道院图书馆，哥特式书架上摆放着贵重的书籍。

右下图 儿童房间也采用了中世纪主题的装饰风格。布特伯爵子弟的保育院墙壁上部排列着一长串人物，其装饰灵感来自罗马式绘画。

温莎城堡

上图 这是一幅现存于汉普顿宫的 19 世纪匿名肖像画的复制品，画中是国王爱德华三世。12 世纪，爱德华三世让人把原有城堡拆除，建造了全新的城堡。

　　1714 年以来，汉诺威家族一直统治着英国。1914 年，汉诺威家族改用温莎这一姓氏，以平息对德战争中的反德情绪。该姓氏源自温莎镇，1070 年，征服者威廉一世从威斯敏斯特教堂的僧侣手中买下温莎镇，彼时它还是一座微不足道的撒克逊村庄。威廉在泰晤士河的转弯处建造了一座木制堡垒，保护伦敦免受任何来自西方的敌人攻击。亨利一世（1100—1135 年在位）和亨利二世（1154—1189 年在位）用石料重建并大幅扩建城堡，增建了几个塔楼。然而，出生在温莎城堡的爱德华三世（1327—1377 年在位）让人拆除了以前的建筑，并下令建造新建筑，也就是我们今天所见到的城堡。爱德华三世委托建筑师威克姆完成这项工作，威克姆主持建造城堡 19 年——从 1356 年到 1374 年，每天的工资是 1 先令。而工人只能得到食物，没有工资。这些人是国王步兵从王国的街道上抓来的穷人，他们被迫做苦工。只要有人想逃回家就会被当作叛徒和重罪犯逮捕监禁。爱德华三世还在此处为温莎军事骑士建造了营房。温莎军事骑士是他与皇家嘉德骑士一起建立的骑士团，他们就在圣乔治教堂开会，同时教堂也用于纪念该骑士团的守护神。一个世纪后，即 1474 年，爱德华四世（1461—1483 年在位）开始重建小教堂，并由亨利八世（1509—1547 年在位）继续完成这项工作。爱德华四世还建立了圣乔治学院和马蹄形回廊。马蹄形回廊是一个半圆形的建筑，用来安置小教堂的教士。亨利八世还让人修建了城堡的主入口。1675 年至 1683 年，查理二世（1660—1685 年在

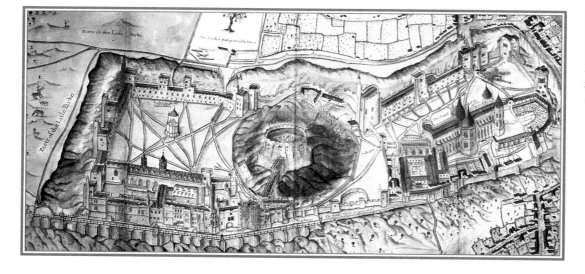

左图 这里是格奥尔格·赫夫纳格尔在 17 世纪的版画《寰宇城市》中的温莎城堡图画，城堡不仅是一座宫殿，更像是一个小型的独立城市建筑群。温莎城堡一直是皇家住所和权力中心。

上图 温莎城堡现有建筑与 14 世纪的原始建筑结构非常相似，乔治三世和乔治四世于 19 世纪初全面修复了城堡，将城堡建成现在的外观。

左图 温莎城堡是英格兰面积最大、最为重要的城堡，温莎这一姓氏后来被皇室采用。城堡位于伦敦郊外几英里处，坐落在一座石灰岩山丘上，俯瞰泰晤士河右岸。

位）全面重建了皇家居室，外观更加奢华。然而，继任国王对温莎城堡缺乏照管。直到乔治三世（1760—1820 年在位）继任，在 19 世纪初全面翻新了城堡。他委托建筑师詹姆斯·怀亚特翻新城堡，建筑师的侄子杰弗里·怀厄特维尔在乔治四世（1820—1830 年在位）时期接手这项工作，并突出了城堡的新哥特风格。城堡中的艺术品在 1992 年的火灾中几近毁灭，当时伊丽莎白二世女王的私人小教堂发生了火灾，火势蔓延到皇家住所。人们花了一整天才将城堡的大火扑灭。（G.G.）

皇宫内外宏伟壮观，温莎城堡被一致评为中世纪以来一直使用的住宅的突出典范。城堡建于两座堡场之上，紧挨着最初诺曼人在白垩山上建造的城堡护堤，俯瞰泰晤士河。每一位英国国王都在城堡中增建新建筑，将城堡最初的建筑连接了起来。巨大的公园包围着整个建筑群，长长的围墙环绕建筑，塔楼星罗棋布。最引人注目

上图 圣乔治教堂用于纪念皇家嘉德骑士团的守护神，是英国哥特式建筑中的杰作。1478 年圣乔治教堂在亨利·杰宁斯指导下开始建造，1511 年，威廉·弗图完成教堂建造。

跨页图 城堡周围的英国公园风景壮丽，古老树木为长长的围栏提供了绝妙的背景，上方耸立着垛口塔。左边可以看到诺曼式圆形主塔。楼梯通向塔顶，共有 220 级台阶。

下页左下图和右下图 英国对其文化传统深感自豪，重视宏大的皇家仪式，尽管此类仪式在其他地方已被废弃或大大缩减规模。温莎城堡经常举办国事访问、阅兵和庆祝活动，这类活动通常在建筑群中宽阔的区域举行，吸引了大批来自伦敦的围观人群。

跨页图 圣乔治教堂的内部宽度与高度相同，支撑拱顶的柱子将教堂分为一个中殿和两个侧廊，整体布局呈扇形展开，构成复杂的星形图案。

左图 圣乔治厅长 180 多英尺，是皇家嘉德骑士团的礼仪大厅。骑士们的盔甲排列在长厅墙上，此外，墙上还装饰着君主们的肖像。

左下图 19 世纪哥特式的木制围栏环绕着圣乔治教堂的唱诗班席，其中有皇家嘉德骑士团的座位和徽章象征。骑士团最早于 1348 年开始在此处集会。

右下图 王座厅里有一把镀金的雕花椅子，刻有"E.R."字样（即"伊丽莎白女王"的拉丁文缩写，符合传统），在天鹅绒华盖下等待着女王陛下。

的一部分是由杰弗里·怀厄特维尔爵士（乔治四世时期的建筑师）修复的巨大主楼，建造这座王国中最高的塔花费了 100 万英镑。房间装潢精致，装饰着皇家收藏的艺术杰作（世界上最大的私人收藏，有达·芬奇的画作和汉斯·霍尔拜因的肖像画等无价之宝）。由怀厄特维尔设计的滑铁卢厅是城堡最重要的房间之一，展出了在战争中协助打败拿破仑的君主、政治家和将军们的肖像。滑铁卢厅的地毯十分特别，这是一块在阿格拉编织的地毯，也是世界上极大的地毯。为了纪念皇家骑士团，城堡建造了令人赞叹的圣乔治教堂。（G.R.）

左上图 国家公寓是用于举办官方仪式的地方，装饰着丰富的古董家具和艺术品。 这是一间深红会客厅的一角。

左中图 女王宴会厅，城堡里装修最奢华的房间之一，有美丽的画作，包括卡纳莱托的风景，霍加斯、拉姆齐和庚斯博罗的肖像画。

左下图 滑铁卢厅是城堡中最大的餐厅，里面装饰着几幅巨型油画，其中大部分是劳伦斯的作品。

上图 一张特别在印度阿格拉编织的巨大的地毯，覆盖了这个绿色客厅的地板，客厅中装饰着乔治亚风格的家具，墙上的镜子反射出耀眼的吊灯。

左图 在庞大的生活建筑群中有无数个房间，装饰得非常精致，每个房间都可以被当作一个微型博物馆。

沃里克城堡

Warwick Castle

　　沃里克城堡位于英格兰中部地区——这里是英格兰的心脏地带，距离莎士比亚的出生地埃文河畔斯特拉特福仅几英里，是英国美丽的封建城堡。传说城堡于915年由阿尔弗雷德大帝（871—899年在位）的女儿埃塞弗莉达公主建造，韦塞克斯国王阿尔弗雷德大帝在当时统治其他盎格鲁－撒克逊国家。然而，于1066年入侵英格兰的诺曼人征服者威廉一世（1066—1087年在位）可能是城堡实际上的建造者，他于1068年建造了该城堡，目的是维持对该地区的控制。威廉将这个据点托付给诺曼底的纽堡勋爵——亨利男爵，并任命他为沃里克伯爵。

　　一位15世纪的系谱学家随后"追踪"了该家族的显赫祖先，包括布鲁特斯和传奇的盎格鲁－撒克逊战士——沃里克的盖伊爵士。许多伟大的人物都拥有沃里克伯爵的头衔，其中一些人在英国历史上发挥了关键作用。最重要的一位是被称为"任命者"的理查德·内维尔（1428—1471年），因为他在兰开斯特家族和约克家族争夺王位的玫瑰战争中发挥了作用。他的前任伯爵理查德·比彻姆也是一位著名的人物。比彻姆是一位年轻的骑士，曾前往圣地，穿越东欧（当时在那里生活的主要是野蛮人）参加了骑士比武大会（他在维罗纳战胜了潘多尔福·马拉泰斯塔，成为一个传奇）。比彻

左图　传说中，阿尔弗雷德大帝的女儿埃塞弗莉达公主于915年建造了城堡。然而，城堡更有可能是由征服者威廉一世建造的。

上图 沃里克城堡俯瞰埃文河,河上船只来来往往。虽然经历过几次改建,但城堡的大部分建筑仍然保留 14 世纪时的外观。城堡的城墙高大,有 10~20 英尺(约 3~6 米)厚。

右图 沃里克市位于英格兰中部地区,保持着过去的风貌,沃里克城堡也是如此。城堡的塔楼俯瞰漂亮的老房子,周围是郁郁葱葱的草木。

姆除了参加对抗法国的百年战争，还在 1430 年于鲁昂监督了对圣女贞德的审判。他的坟墓位于沃里克郡的圣玛丽教堂，该教堂是 15 世纪英国雕塑的杰作。（G.G.）

　　沃里克城堡自 14 世纪以来就有人居住，现在看起来仍然像是中世纪的堡垒。然而，城堡的内部在 17 世纪和 18 世纪期间被改造，翻新后非常豪华，现在被人们认为是真正的住宅宫殿。城堡的城墙有 10~20 英尺（约 3~6 米）厚，保存得非常完好，仍然留有 14 世纪的所有防御结构。被称为"乌鸦巢"的罕见炮塔仍然矗立在克拉伦斯塔旁边，用作

上图 城堡大礼堂有 360 多英尺（约 110 米）长，名副其实。游客可以从此处俯瞰埃文河，景色令人惊叹。厅内还收藏有大量 16—17 世纪的武器和盔甲。

左上图 在城堡内的房间里，彩色玻璃窗上的图案令人眼花缭乱，中世纪奇形怪状的动物纹章格外引人注目。

右上图 城堡中的雪松厅镶嵌有黎巴嫩雪松木，墙上挂有凡·戴克和莱利所画的肖像。雪松厅中央摆放着一张巨大的威尼斯餐桌，桌腿上雕刻着孕妇的形象。

右下图 凡·戴克创作的国王查理一世骑马像（左）是国宴厅的亮点，这里是举行宴会的地方。挂在壁炉上方的鲁本斯画作《双狮》（右）也很引人注目。

警卫塔。入口（这是任何城堡的弱点所在）和碉楼都做了巧妙的加固。沃里克城堡的塔楼被认为是英格兰最引人注目的塔楼之一。最古老的塔楼是盖伊塔，建于 14 世纪，高 131 英尺（约 39.93 米）。1748 年至 1752 年间，城堡进行了翻修，增建了一座花园，卡纳莱托画了五幅沃里克城堡的风景画。大礼堂、小教堂、餐厅、图书馆和音乐室尤其有趣，里面收藏着贵重的家具、壁毯、地毯、画作和雕像。沃里克城堡是英格兰极受欢迎的城堡，人们会在城堡中举办各种特殊活动和历史纪念活动。（G.R.）

班堡城堡

Bamburgh Castle

公元 410 年，罗马无力供给军团保卫大不列颠南部，于是放弃了此处殖民地，越来越多的朱特人、盎格鲁人和撒克逊人开始登陆海岸。以亚瑟为首的凯尔特人被赶到威尔士。初来乍到的登陆者建立了七个王国。其中一个王国诺森布里亚于 547 年被火焰使者伊达国王征服，他在班堡建立了首都，并建造了一个用栅栏围护的小堡垒。直到 1066 年，粗糙的防御工事才转变为真正的城堡，当时征服者威廉一世（1066—1087 年在位）带领诺曼人占领了盎格鲁 - 撒克逊英格兰，并在战略位置建造了许多据点，确保他们能够完全控制国家。

几年后，威廉一世的两个儿子，威廉·鲁弗斯（1087—1100 年在位）和诺曼底公爵罗伯特之间争夺英格兰王位的战役在班堡城堡打响。威廉围攻了罗伯特的城堡，并在其对面建造了另一座堡垒，讽刺地称其为"马尔维辛"，即"邪恶的邻居"。罗伯特最终投降。班堡城堡及其领地一直是皇家领土。伊丽莎白一世时期，女王将班堡城堡授予克劳迪厄斯·福斯特，作为他守护边境地区的嘉奖。这些地区有很多偷牛贼和恶棍，利用边境条件逃入苏格兰，从而摆脱惩罚。克劳迪厄斯·福斯特非常喜欢这份礼物，余生都住在班堡城堡，直到 101 岁去世，他有 11 个儿子和 2 个女儿。

克劳迪厄斯的后代汤姆·福斯特参加了 1715 年的詹姆斯党人叛乱，詹姆斯党人试图为已被推翻的斯图亚特王朝夺回政权。然而，当他带领部下在战场上面对敌人时，他意识到敌人数量大大超过自身，于是一枪也没开，迅速投降。福斯特的妹妹多萝西知道哥哥被俘虏后，每天由女仆陪同去探望他。看守福斯特的狱卒们已经习惯了每天看到这两位访客，因此福斯特换了衣服伪装成女仆逃走了。福斯特逃去了法国，但他的家庭已经支离破碎，因此被迫卖掉了城堡。达勒姆的主教克鲁勋爵买下了班堡城堡，建立了一所培训女孩从事家政服务的学校。19 世纪末，阿姆斯特朗勋爵将其买下，大规模修复了城堡，于是班堡城堡成了现在我们看到的样子。（G.G.）

班堡城堡可能是英格兰最引人注目的城堡，坐落在海岸旁突出的火山岩上，俯瞰波涛汹涌的北海。城堡由红色砂岩建造，其中世纪古堡的颜色令人叹为观止。多年来，城堡不断扩建，占地 5 英亩（约 2 公顷）。城墙环绕着城堡中间巨大的方形主塔，塔上有塔楼、箭塔（向前伸出的小炮塔）、幕墙和壁垒。然而，这个玫瑰战

争时期十分出名的堡垒几乎没有留下遗迹，因为阿姆斯特朗勋爵在维多利亚时期将其改造成了男爵公馆。然而，城堡内部装潢体现出都铎风格，结构与朗里奇和蒂尔茅斯公园相类似。城堡独特的诺曼式拱门以及大礼堂的拱顶仍然引人注目。班堡城堡现在是阿姆斯特朗家族的住所，但城堡内许多庄严高贵、装饰华丽的房间都对游客开放。城堡内有两个博物馆：一个十分特别，除了展览第一任阿姆斯特朗男爵的各种物品，还有他作为工程师制造的产品相关的工艺品，另一个则是航空史大事记展馆。（G.R.）

英格兰
多佛尔城堡

左上图 国王亨利三世在 1230 年至 1240 年间增建了外墙，以加强英格兰王国主要出入口的防卫。

右上图 城堡主塔于 1180 年始建，1186 年完工，是英国建筑史上令人印象深刻的建筑之一。优雅的上层小教堂采用晚期诺曼风格，拱门和肋拱巧妙地勾勒出轮廓。

下页图 多佛尔城堡位于山顶，俯瞰整个城市，为抵御诺曼人入侵，撒克逊国王哈罗德匆忙建造了城堡，但由于过于简陋，并不能抵御外敌。

多佛尔城堡矗立在"多佛白崖"上，所有经由这个历史悠久的港口进入英格兰的人都会对它表达赞美。英格兰最后一位盎格鲁－撒克逊统治者哈罗德国王于 1064 年建造了这座城堡，以守卫该岛的主要出入口。但无论是城堡还是邻近的沿海地区都没有足够的防御措施，没能阻止征服者威廉于 1066 年带领诺曼人入侵英格兰。诺曼人将原来的定居点改造成高效的综合建筑群，港口在贸易和军事上的战略意义越来越重要。1168 年至 1174 年间，国王亨利二世（1154—1189 年在位）建造了城堡主塔和内部幕墙，进一步加固了城堡，而亨利三世（1216—1272 年在位）则加建了外墙。因此，1216 年，尽管法国王储和叛乱男爵持久围攻多佛尔城堡，约翰国王仍成功地抵御了他们的联合部队。1642 年至 1649 年，内战肆虐英格兰，最后以查理一世被斩首、共和国宣布成立告终。当时议会党人欺骗保皇党人交出这座城堡。然而，命运发生了奇怪的转折，克伦威尔死后，1660 年，查理二世就在多佛尔城堡重建了君主制。城堡在 1800—1810 年间被改造和扩建，以抵御拿破仑入侵，但事实上拿破仑并未入侵过此处。多佛尔城堡优越的地理位置使其在航空史上也发挥了重要作用。1785 年，约翰·杰弗里斯和让－皮埃尔·布朗夏尔乘坐热气球从城堡墙前的空地上起飞。经过 150 分钟的飞行，杰弗

里斯和布朗夏尔在加来附近的树林中降落，他们完成了世界上首次英吉利海峡飞越。1909 年 7 月 25 日，法国人路易·布莱里奥首次乘飞机从加来飞行至多佛只用了 37 分钟。（G.G.）

多佛尔城堡的三面有沟渠防御，建有两道幕墙。第四面防御措施是无法通过的障碍物：大海。亨利三世于 1216 年加建了康斯特布尔门。城堡的中央主堡巨大，十分坚固，是诺曼式建筑的特色（其入口类似于泰晤士河口的罗切斯特城堡）。主堡是一个石制立方体，有四个角楼，前端向前突出，因此尽管城堡建筑低矮，但垂直外观十分优雅。城堡内部是十字形的大厅，分成四个主要的房间，每个房间面积 50 英尺 ×20 英尺（约 15 米 ×6 米）。还有 12 个房间面积（13~16）英尺 ×10 英尺（[4 ~ 5] 米 ×3 米），是挖掉墙壁形成的房间。城堡东南角有两个小教堂，上下叠建在一起。入口处的圆拱门上装饰着参差不齐的锯齿状图案，或者叫锯齿形花饰，是典型的诺曼式建筑。奇怪的是，这个石质"神兽"的外部防御措施也让人联想到下颌的模样。事实上，因害怕纳粹入侵而于 1940 年设置的混凝土"龙牙"仍然可见。这提醒人们，城堡的命运往往很悲惨：朝代更迭，不断修整和更换领主。（G.R.）

格拉文斯丁城堡

上图 柱子支撑着马厩顶部宽大的哥特式拱顶，看起来与 12 世纪菲利普伯爵建造的样子一模一样。

莱厄河环绕着一座高大的沙丘，佛兰德伯爵阿努尔夫一世（918—965 年）选择此处建造了一座木制堡垒。堡垒四周有栅栏围护，内部建有仓库，用于储存谷物和其他食品，以便在堡垒受到攻击时供给居民生活。三个世纪前，圣·阿芒在此处传道，建立了两座修道院。要塞和两座修道院逐渐发展成根特市。大约公元 1000 年，佛兰德伯爵们将堡垒重建为石质要塞。从 13 世纪初开始，根特市因其布匹而闻名于整个欧洲。这一产业使工匠和中产阶级富裕起来，同时也填满了伯爵的小金库。

堡垒起了一场大火，于是在 1180 年，菲利普伯爵重建了城堡，进行了大改造，并将中央塔楼，也就是城堡主塔，加建到将近 100 英尺（约 30.48 米）的高度，使它耸立在莱厄河对岸根特市富裕贵族的住宅之上。14 世纪，商人阶层与英国国王建立了紧密的联盟，因此根特成为佛兰德最重要的城市。确切地说，英国羊群身上的羊毛为纺织提供了原材料，转而制成产品又销售到英国。

14 世纪，由于根特的贸易行会已经非常繁荣，他们要求建立一个民主政府，因此伯爵们与臣民在政权上公然产生冲突。这座城市和俯瞰它的城堡成了敌人，路易·德·马勒伯爵（1346—1384 年）最终决定迁居。但城堡仍然是佛兰德的行政中心，1407 年成立的高级法院就设立在城堡中。该郡最重要的仪式都在城堡举行，不仅在这一时期，甚至在勃艮第公爵统治时期也是如此。为了捍卫传奇和诗意的骑士精神事迹而设立的金羊毛骑士团也在此处举行庆典。直到 18 世纪，在奥地利时期，荷兰的行政长官对城堡失去了兴趣，决定将其出售。城堡被一个工业家买下，他在城堡内建立了一个金属加工厂和一个纺纱厂，其中一些建筑供工人居住。19 世纪末，城堡面临作为"封建压迫的象征"而被拆除的风险，而后被根特市购买。约瑟夫·德·瓦勒对城堡进行了修复，并试图重塑其 12 世纪的外观，但赋予其"中世纪"气息的大部分细节纯粹依靠建筑师的想象力进行设计。（G.G.）

阿尔萨斯的菲利普建造了格拉文斯丁城堡目前的外观，他是 1157 年至 1191 年间的佛兰德伯爵。他让人在主入口做了一个不寻常的十字形开口，作为他十字军东征启程纪念，但菲利普并未归来。

令人赞叹的巨大椭圆幕墙与 24 个圆柱形的塔楼包围了大约 1 英亩（4046.86 平方米）的土地。墙内有两个设有防御工事的建筑：城堡主塔和伯爵的住所。主塔是欧洲同类

城堡中最古老的，建有非凡的罗马式窗户，窗上有细长的圆柱支撑着圆拱。

过去，可以在城堡主楼内部和外部塔楼临时增建木质结构，实现双层防御。在今天，该建筑群仍被一条宽阔的护城河所包围。（G.R.）

上图 城堡就像一座巨大的石头建筑群，被方齿状幕墙围住。堡垒上建有向前突出的角楼，与坚固的半月堡耸立在墙壁之上。

左图 两座带有圆锥形屋顶的小塔间建有城墙，城墙上有两排带圆拱的罗马式窗户，细长的柱子支撑着它们。

穆登城堡

Muiderslot

默伊登的第一座城堡是由荷兰伯爵弗洛里斯五世于 1280 年前后建造的。他的目的是控制费希特河的河口，该河流向当时的须德海，现部分已变为陆地的大内陆海。弗洛里斯伯爵决定对从乌得勒支来的船只收取通行费，乌得勒支的主教是伯爵的敌人。几年后，也就是 1296 年，弗洛里斯被一群反叛贵族抓住，他们把伯爵囚禁在他自己的城堡里。后来城堡被围困，劫持伯爵的人与伯爵一起逃亡，并将伯爵杀死。乌得勒支的主教趁机夷平了伯爵的堡垒。然而，由于此地战略意义极大，必须加以

跨页图 在 17 世纪，中世纪的城堡周围建起了一座设有防御工事的堡垒，以抵御法军入侵荷兰。现在，堡垒已被改造成花园。

右图 城堡多处经过耐心的修复，其现在看起来是 14 世纪末的外观，当时荷兰伯爵阿尔贝特在以前的城堡地基上重建了穆登城堡。

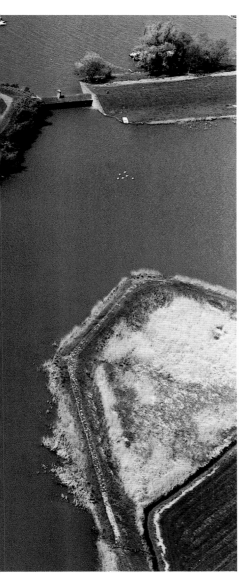

守卫，1370 年，荷兰伯爵阿尔贝特在原有基础上建造了现在的建筑群。也许是考虑到前任伯爵的不幸，阿尔贝特从不在穆登城堡居住，而是在城堡设置了一名骑士指挥官和一支小规模的卫戍部队。

城堡最著名的骑士指挥官是诗人和历史学家彼得·科内利斯·霍夫特（1581—1647 年），1609 年至 1647 年间，他居住在城堡，接待了 17 世纪荷兰著名的人物，包括胡果·格劳秀斯、康斯坦丁·惠更斯和该国最重要的诗人约斯特·凡·德·冯德尔。这群作家、哲学家和科学家被称为穆登名流。城堡目前的陈设可以追溯到上述时期。17 世纪末，穆登城堡进行了重大的现代化改造，因为它在抵御路易十四的扩张主义攻击和保护荷兰的防线中占据关键位置。确切地说，荷兰人在穆登城堡人为地淹没了法国军队入侵的必经之路，阻止其入侵。一个世纪后，城堡的状况非常糟糕，人们决定将其拆除，将砖石和其他建材回收利用，但国王威廉一世禁止了此事。然而，直到 1895 年，城堡的修复工作才开始。1948 年至 1972 年间，穆登城堡得到进一步修复，现在已经被改造成博物馆和文化活动中心。（G.G.）

穆登城堡可能是荷兰最著名的城堡。早在 11 世纪，这里就建有一座崎岖不平的堡垒。

穆登城堡现存外观经过多次修复。城堡完全由砖块建成，地面呈正方形，四个角上有圆形塔楼，正面中间有一座方形塔楼，周围是宽阔的护城河。从 17 世纪到 20 世纪，许多风景画家都认为穆登城堡是他们极喜欢的主题之一。

穆登城堡是一座相当小的城堡——面积只有 105 英尺 ×115 英尺（约 32 米 ×35 米），其墙壁厚达 5 英尺（约 1.52 米）。漂亮的房间经过修复后重现了 17 世纪的原貌，收藏了贵重的武器和盔甲。穆登城堡现在是一座国家博物馆，许多民俗活动、大会和典礼仪式都在此处举行。（G.R.）

上图 书架上放着一本打开的祈祷书，房间里还有一张优雅的天篷床，床脚有一个涂漆摇篮：这是一个虔诚的女主人的卧室。

下图 城堡的主人与其廷臣会坐在骑士厅里，在独特的荷兰瓷砖装饰的壁炉前开会。

上页图 城堡的大厅面积很大，天花板用花格板建造。大厅现在是国家博物馆，里面主要展览16世纪和17世纪的画作和家具陈设。

新天鹅城堡

左图 巴伐利亚的路德维希二世英俊、博学、老练，这里展示的是他年轻时的画像，他对建筑的热情极高，却忽视了对国家的管理。这最终使他失去了王位，也丢了性命。

右图 新天鹅城堡建有红砖入口和纯白墙壁，如童话般的幻影，耸立在苍翠的巴伐利亚阿尔卑斯山的环抱之中。

下页上图 在大雪和冬雾的映衬下，城堡周围的超现实气氛凸显。新天鹅城堡是路德维希建造的三座城堡中最昂贵、最奢华的一座。

下页下图 这项工程需要消耗大量材料，进行复杂的挖掘，还要修建道路，以便将材料运送到陡峭的城堡选址处。这张 1875 年的照片展示了建筑工程的情况。

在崇拜他的子民眼里，他是"童话国王"；在诗人保罗·韦莱纳眼里，他是"本世纪唯一真正的国王"；而在他的大臣们眼里，他是"疯狂的国王"，大臣们对他荒唐的经济开支感到震惊，最终罢免了他，导致他死亡。我们说的是病态而古怪的巴伐利亚路德维希二世，即使在今天，他仍受到很多人的崇拜——同样也遭到很多批评。新天鹅城堡是路德维希二世最精巧的创造物，任何参观城堡的人都一定会认为这一个定义最恰当。的确，这座仿造的中世纪城堡建有城齿和尖顶，像幽灵一样出现在常青森林里，背后是白雪皑皑的山峰，激发了沃尔特·迪士尼创作卡通童话故事的灵感。

1864 年，19 岁的路德维希成为巴伐利亚的国王。他被太阳王路易十四的历史传说、凡尔赛宫的盛况和瓦格纳的音乐所吸引，像作曲家一样痴迷于德国中世纪理想化的形象，而非其真实面貌。激发瓦格纳歌剧创作灵感的那些传说——帕西法尔和

圣杯的传奇故事、尼伯龙人和天鹅骑士罗恩格林，这些也是新天鹅城堡大厅的装饰主题。路德维希建造过三座城堡，这是其中的第一座，也是最后完工的一座。建筑师里德尔和多尔曼根据布景设计师扬克制定的方案于1869年开始施工，1886年停工，因为国王这一年去世了。因此，顶层的房间空空如也，毫无装饰。1886年6月，路德维希的大臣们指责他把国家的钱挥霍在越来越疯狂而奢侈的建筑梦想上。大臣们说的确实是事实，于是他们让一位著名的巴伐利亚医生宣布路德维希患有精神病，因此而废黜他，不过这位医生根本没有见过国王。

　　虽然路德维希很受尊重，但他无可反驳，只能听从安排，被大

左上图 在以纯新哥特风格建造的小教堂的祭坛后面，有一幅法国国王和路德维希的守护神圣路易的画。天使们举着十字军东征的旗帜，欢迎路易升入天堂，他就是在这次东征中被杀害的。

跨页图 雄伟的王座厅分为两层，墙壁上的黄金装饰、珐琅工艺和马赛克绘画闪着光，这是对拜占庭宫殿的理想化重建，其灵感来自慕尼黑的诸圣教堂。

左下图 一幅巨大的马赛克镶嵌画让人联想到巴勒莫的宫殿教堂里的镶嵌画，画作装饰着王座厅的后堂。基督下面有六个被封为国王的人，代表了赋予君主的神圣权力。王座本应设置在楼梯的顶端，但并未安装过。

右下图 在王座厅的地板中间，有一幅精致的马赛克镶嵌画，令人赞叹。上面画有风格化的动物和植物，让人想起中世纪动物寓言集的微型复制品。

跨页图 歌咏厅的天花板上是绘有装饰图案和十二星座的花格板。大厅里有八盏镀金的黄铜吊灯，与烛台一起可容纳600多支蜡烛。

右图 城堡里的一座螺旋楼梯的尽头是龙的雕像，旁边有一个多色柱顶的柱子，穹顶描绘的是一片星空。

左下图 这座大厅为纪念天鹅骑士罗恩格林的英雄传说而建，他的事迹让年轻的路德维希着迷，给了他建造新天鹅城堡的灵感。

右下图 画室里的画作描绘了唐豪瑟的传奇故事，它镶嵌在橡木板中，并以橡木家具装饰。天花板由镶饰的木料建成。

臣从新天鹅城堡中带走，转移到施塔恩贝格湖畔的贝格城堡，受到严密看守。虽然湖中水深不超过 5 英尺（约 1.524 米），但路德维希的尸体于 6 月 13 日在湖里被找到：他和他的医生都淹死了。有些人推测说他是自杀的，而另一些人推测说他是在试图逃跑时淹死的，或是被谋杀的。他的表妹，奥地利的伊丽莎白皇后（茜茜公主，19 世纪皇家悲剧中的另一个传奇人物），也许是路德维希这个同性恋者唯一爱过的女人，她提出了很可能是唯一符合事实的解释："国王并没有疯，他只是一个生活在自己的梦想世界中的怪人。他们应该对他更友善一些。"（G.G.）

巴伐利亚的阿尔高地区曾经建有四座城堡，能够证明在中世纪时期，此处具有重要的战略意义。路德维希决定在此处建造"高贵的奶油怪异建筑"。在冯·波

左图 吟游诗人唐豪瑟在瓦特堡招待图林根州的赫尔曼宫廷，这幅画室墙面上的壁画由艾格纳创作。

右图 骑士齐格弗里德是路德维希最喜欢的瓦格纳歌剧中的另一个主要人物，背景时代是中世纪。威廉·豪席尔德创作的壁画位于歌咏厅的等候室，画中骑士正与龙搏斗。

奇伯爵和克里斯蒂安·扬克的设计草图上，城堡的中央主体以瓦特堡为原型。路德维希二世坚持认为，建筑应该与周围环境融为一体。从春天到秋天，运到现场的材料数量惊人：仅在 1879—1880 年就使用了 5000 多吨尼尔廷砂岩、510 多吨萨尔茨堡大理石和 40 万块砖。整个外墙都是用阿尔特斯霍芬的石灰岩建造。陈设装修和内部家具都是由擅长戏剧设计的建筑师、石匠、画家和陶瓷艺术家们完成的，总成本超过了 600 万马克。这些房间样式各异，装潢高调。大多数房间都用画作装饰，让人想起德国的传奇故事和德国国王的神圣感。比如王座厅，它是哥特式、罗马式和拜占庭式混合体。厅内皇冠形的黄铜吊灯重达 1 吨。除了这一时期非常流行的新哥特风格的橱柜，国王还坚持在城堡内安装各种最新的机械配件和精巧器具，比如电铃和一个多功能厨房。（G.R.）

上页下图 一位优雅的女士身着中世纪服饰，坐在国王寝宫的哥特式拱门下，正在阅读特里斯丹和伊索尔特的故事。与其他房间的新罗马风格装饰不同，这间卧室运用了晚期哥特式风格装饰。

右图 歌咏厅的装饰画描绘了帕西法尔的传说，这幅 1885 年的壁画是由小费迪南德·皮洛蒂创作的。

上图 巨大的城堡粮仓建于 1494 年至 1495 年间，现在被改造成了青年旅舍，矗立在建筑群的中间。右边是五角塔，其对面是圆形的辛维尔塔。

右图 1671 年，约翰·格奥尔格·伊拉斯谟在纽伦堡市图书馆拍摄了这张鸟瞰图，自此城堡几乎没有什么变化。

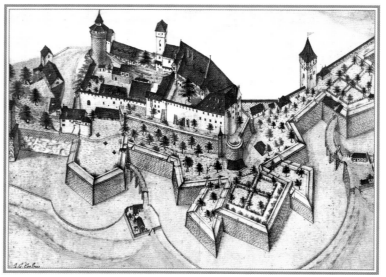

德 国

皇帝堡（恺撒城堡）

Kaiserburg

公元 1000 年后不久，纽伦堡市建立。1219 年，腓特烈二世颁布法令，纽伦堡成为神圣罗马帝国的自由城市。在 16 世纪以前，纽伦堡一直是德国的主要贸易城市，东方国家的货物从威尼斯经由此处运往西方。两座建在岩石上的堡垒相对而立，俯瞰城市里的房屋。伯爵城堡归强大的索伦家族所有，而皇帝堡是该城市的要塞。300 年来，这两座城堡的守卫部队互相蔑视，并多次在武装战斗中较量。中产阶级日益富裕，他们重视自由，难以控制，于是，1427 年索伦家族决定将伯爵城堡卖给市议会。两个互相敌视的城堡被合二为一，保留了"皇帝堡"的名字。腓特烈·巴巴罗萨宣布皇帝堡成为其皇家住所，直到 1571 年，神圣罗马帝国的所有德国统治者都在皇帝堡住过一段时间。然而，该城堡从未配备过家具。每次皇帝宣布他即将到来时，这座商人之城中富裕的家庭都被要求借出家具、餐具、挂毯，以及君主和他的众多随从可能需要的所有东西，而这些物品直到显赫的客人离开时才会归还给主人们。

皇帝堡从未进行过现代化翻修，因此在军事上非常落后。于是，城堡无法在恐怖的三十年战争（1618—1648 年）中保卫城市。然而，纽伦堡的衰落早在一个世纪前就开始了，即便那时还是一个非常辉煌的时代。这一时期，纽伦堡的集市吸引了来自德国各地的买家，他们来这里购买城市的产品，包括著名的"纽伦堡鸡蛋"，即第一批怀表。16 世纪初，葡萄牙人发现了绕过好望角通往印度的路线，将香料贸易

左下图 皇帝堡现有外观与 16 世纪时基本相同，当时神圣罗马帝国的统治者经常来此居住很长时间。

右下图 在纽伦堡错综复杂的城市建筑中，要塞建筑群的塔楼和城墙十分亮眼。要塞周围是 17 世纪的堡垒，现在已成为公园。

上页图 双层的罗马式礼拜堂建于 11 世纪，内部有一个中殿和两个过道。从建筑的角度来看，双层礼拜堂是皇帝堡最精致的部分。皇帝们会到此处祈祷。

上图 帝国接待厅的天花板在二战期间被轰炸，损坏严重，1948 年进行修复，恢复了昔日辉煌。天花板上装饰着皇帝们的盾徽和双头鹰图案。

左下图 帝国统治者们在纽伦堡生活时，会在皇帝厅举行聚会和宴会，该厅现已完全重建。墙上挂着皇帝和哈布斯堡王朝成员的画像。

右下图 会客室里装饰着漂亮的 16 世纪家具。这座宫殿的家具布置从不固定。只要有皇帝宣布他计划来访，该市的名人们就必须为宫殿提供家具。

从威尼斯转移到里斯本，再到安特卫普，取代纽伦堡成为北欧的贸易中心。皇帝堡不再吸引帝国宫廷里声名显赫、欣然前来的客人，城堡被遗弃，直到 19 世纪才得到修复。（G.G.）

皇帝堡是整个大城堡的主要部分。在城堡的远端有两个独特的建筑细节：一是辛维尔塔，这是整个建筑群的制高点，也是城堡的象征；二是巨大的地下粮仓，可以容纳供人们食用几个世纪的小麦。城堡的内部有迷人的哥特式大厅，如皇帝厅和骑士厅，内部装饰着古董家具。城堡的双层礼拜堂也非常吸引人，礼拜堂由两个相连的神圣房间组成：上面的房间供皇帝及他的家人使用，而下面的房间则供平民使用。城堡里现在有一座著名的博物馆，展示了大量与纽伦堡市悠久的王朝历史相关的中世纪文物（隆吉诺用来刺穿耶稣胸膛的圣矛就保存在这里）。高大的壁垒被又宽又深的护城河隔开，能够消除防御死角，提供交火条件。（G.R.）

马克斯堡城堡

Marksburg

有 40 座城堡仍然保卫着从宾根到科布伦茨的莱茵河岸，其中马克斯堡是唯一一座从未被摧毁过的城堡。其余所有的城堡，往往由于敌人的猛烈攻击，或仅仅是时间流逝而只剩下外墙。不过在浪漫主义时期，这些城堡都得到了大规模修复或重建。相反，马克斯堡是真正的中世纪莱茵河堡垒的代表。爱普斯坦斯家族是该地区强大的家族之一（其中一些人成为美因茨和特里尔的大主教），他们在公元 1100 年左右建造了城堡原始的中心建筑。1283 年，马克斯堡被卡岑埃尔恩博根的埃伯哈德二世伯爵买下，他是中世纪莱茵兰地区的另一个重要人物，他下令施工修建城堡，造就了我们今天看到

下图 巨大的中央塔楼建于公元 1100 年左右，周围的建筑主要是后来在 15 世纪加建的。

右图 城堡的各个部分沿着山坡排列，朝着重建的石桥逐级下降。此桥曾经是一座吊桥。

下图 德国城堡协会购买了马克斯堡，将城堡彻底修复。这张照片显示的是其中一间墙壁由木板嵌成的卧室。

的哥特式外观。

1429 年，最后一位卡岑埃尔恩博根继承人去世后，黑森伯爵在接管后改造和增建了城堡。城堡引入了大炮，成为拆毁城墙和塔楼的决定性攻击武器，与此同时，伯爵们也想使城堡适应战争中的艺术性创新。后来马克斯堡失去了其军事意义。1803 年，拿破仑大笔一挥，废除了神圣罗马帝国，把城堡给了他的盟友拿骚公爵。事实上，拿骚公爵并没有将城堡作为堡垒使用，而是将其一部分用作监狱，另一部分用于安置小规模军队中的残疾士兵。1866 年，在普奥战争中，拿骚公国结盟方战败，城堡被普鲁士人接管。

王储腓特烈·威廉十分喜爱这座城堡，但并没有阻止其破败。1900 年，在德皇威廉二世的帮助下，马克斯堡最终被德国城堡协会以象征性的 1000 金马克（约 12000 美元）的价格买下，协会在此设立了总部。促成城堡购买的建筑师博多·埃布哈特被委托恢复城堡 15 世纪的外观。（G.G.）

下图 吊灯悬挂在横梁天花板上，长桌摆在吊灯下方。

马克斯堡有一处施瓦本王朝时期特有的三角形平面设计。该建筑群的三个不对称侧翼围绕着一个三角形院子建造。南翼是最容易受到攻击的一侧，由海因里希国王塔防护（塔内是 1437 年献给圣马克的小教堂，堡垒就是以他的名字命名的），而东翼则是带有骑士厅的法耳茨行宫，十分宏伟，中央则是被称为莱茵堡的建筑。1283 年，卡岑埃尔恩博根伯爵对城堡的核心部分进行了改造，赋予其鲜明的哥特式外观。第一道防御建筑是在之后一百年里增加的。1429 年，黑森伯爵接管马克斯堡，他改建了城堡以装设大炮，并增建了带有圆塔的城墙。19 世纪初，城堡根据威廉·迪利希在 1607 年左右绘制的图纸进行了修复。这座 132 英尺（约 40.23 米）高的堡垒的顶部最初是一座 26 英尺（约 7.92 米）高的圆塔，于 1945 年 3 月被拆除。（G.R.）

跨页图 海德堡矗立在森林中，俯瞰着内卡河畔的城市，其宏伟的废墟使人惆怅地想起巴拉丁的不幸，城堡在一系列残忍的军事行动中遭到了毁灭性的打击。

德 国

海德堡城堡

Heidelberg

　　在当地的传说中，古时候有一个名叫耶塔的女巫住在杰滕比厄尔的山上，此山耸立于内卡河的左岸。她统治着森林里的动物与河里的仙女。然而，历史告诉我们，行宫伯爵康拉德（这个头衔是他的兄弟腓特烈·巴巴罗萨皇帝赐予他的）于 1155 年在这座山上建造了他的住所。结果，在城堡脚下发展起来的海德堡镇成为莱茵－普法尔茨地区的首府。海德堡镇不断发展富裕，建立了德国的第一所大学，以及广阔的迷宫城堡，被浪漫主义者称为"德国的阿尔罕布拉宫"。事实上，就像格拉纳达的阿尔罕布拉宫一样，这座由宫殿和塔楼拼接而成的建筑空有其表。建造这个由哥特式、文艺复兴式和巴洛克式建筑组成的非凡城堡花了三个世纪的时间，不过只遭到三次攻击——两次人的进攻和一次"神"的进攻，就被摧毁了。

　　巴拉丁选帝侯鲁普雷希特三世（1398—1410 年在位）于 1400 年左右开始建造城堡，他的继承者继续扩建、装饰城堡。1556 年至 1559 年间，奥托·海因里希建造了一座宫殿，是德国文艺复兴时期的杰作。腓特烈五世——不幸的"冬天国王"，之所这样称呼他，是因为他只戴了几个月的波希米亚王冠，就被打败并赶出布拉格了，但他进行了大量的挖掘工作，创造了一个巨大的带有露天平台的意大利花园。他还让人在一夜之间建造了迷人的伊丽莎白门：这个小凯旋门是对他的妻子伊丽莎白·斯图亚特的致敬，是一个恋爱中的王子给女王的惊喜。然而，腓特烈五世也是将海德堡市及其宏伟城堡卷入战争之中的人。在三十年战争（1618—1648 年）期间，该城市于 1622 年被破坏，后来分别于 1633 年和 1635 年被再次摧毁。然而，这还不是最糟的。1689 年，由"路易十四的纵火犯"梅拉克将军率领的法国军队轰炸了海德堡，将城市洗劫一空，烧毁了包括城堡在内的所有建筑，只有一栋房子得以幸免。

　　海德堡在被重建四年后，又被法国人夷为平地，因为路易十四命令军队将巴拉丁

变成一片荒漠。最后，在 1764 年 6 月 23 日，选帝侯卡尔·西奥多修复了部分住宅，在他准备搬回城堡的前一天晚上，当工人们正在搬运最后一批家具时，雷电击中了八角形的塔楼，横梁起火，这是对城堡的最后一击。从那时起，海德堡就被遗弃了，只有传说中的鬼魂会出现在城堡里：法兰克公爵的妻子，头戴皇冠，面色苍白地坐在城堡的尖窗边；两个黑骑士在城堡没有入口的屋顶上来回走动；驼背的乐师在小教堂里演奏恶魔般的音乐；白衣女鬼在拱顶下走过，讲述巴拉丁不幸的预言。(G.G.)

　　海德堡城堡很可能被认为是最好的城堡，也是德国中世纪、文艺复兴时期和巴洛克时期建筑艺术最有表现力的融合，城堡废墟看起来就像一长排深红色的墙壁，但这里绝不单调。庞大而气派的废墟大致是一个四边形的建筑群，其中有圆形塔楼和一座庭院，庭院周围建有不同时代的建筑。西部和南部哥特式建筑较多，而北部和东部则

上图 奥托·海因里希堡是这个建筑群的亮点。选帝侯奥托·海因里希于 1556 年至 1559 年间建造了奥托·海因里希堡，这座城堡被认为是德国文艺复兴时期的杰作。由佛兰德大师、梅赫伦的亚历山大·科林设计的城堡入口非常出色。

右上图 位于奥托·海因里希堡的德国药房博物馆藏有有大量珍贵的陶器、18世纪的家具和古代用于烹调的器具。

拥有奥托·海因里希斯堡高大宏伟的城墙，其精美的意大利式立面上用女像柱作为装饰。这座建筑被认为是德国文艺复兴时期的杰作。选帝侯鲁普雷希特三世（1398—1410年在位）建造了第一座防御性住宅（鲁普雷希特堡），他的继任者将其改造为宫殿，并增建由约翰·肖赫设计的弗里德里希斯堡及英国堡。整个建筑群在三十年战争期间被摧毁。卡尔·路德维希亲王（1649—1680年继承头衔）对其进行了重建，但不久之后又被法国人毁坏。再次重建后，城堡又被遗弃，当作采石场，格雷姆贝格伯爵阻止了这种破坏。现在，这些废墟维护良好，是德国游览次数较多的纪念碑。城堡因来自卡洛林王朝住宅的四根花岗岩柱子、药学博物馆和著名的大酒桶［1751年用100多棵橡树的木材制成的容量为55000（英制）加仑（250035升）的木桶］而闻名。（G.R.）

埃尔茨城堡

上页图 埃尔茨城堡由一个巨大的塔堡组成，结构紧凑，立体生动，顶部是半木结构的塔楼。城堡戏剧性地耸立在黑暗的埃尔茨河山谷中。

上图 圆形的窗户上印有埃尔茨－肯珀尼家族的纹章，在三个分支家族中，肯珀尼家族在中世纪晚期之前一直是这座城堡的所有者。

右上图 埃尔茨城堡被定义为"城堡村"，能够容纳来自不同贵族家庭的数百人居住，他们的仆人也居住在这里。

气势宏伟的埃尔茨城堡坐落于科布伦茨附近的一座岩石山顶上，耸立在莱茵河畔的黑暗山谷中。城堡的历史始于 9 世纪，当时只有简单的土墙和一个栅栏。城堡原来由泥土和木头建造，后改由石头建造。到 1157 年，在腓特烈·巴巴罗萨皇帝（1152—1190 年在位）时期，埃尔茨要塞已经成为管理摩泽尔河谷和艾费尔地区之间贸易路线的重要据点。城堡以流经其上方岩石山的埃尔茨河命名，而城堡领主的名字也来自此堡垒。城堡后来成为埃尔茨家族的三个分支的共同财产，即罗登多夫、吕贝纳赫和肯珀尼希三个家族。他们的后代多达几百人，与他们的仆人、卫兵和农民一起生活在各个建筑中，构成了这一建筑群。埃尔茨城堡逐渐变成了德国人所说的城堡村。同时，在 1470 年至 1540 年间，人们在原来的建筑结构上增建了其他的侧翼和附属建筑，将堡垒变成了今天所看到的住宅。

在 16 世纪和 17 世纪，特别是在天主教徒和新教徒之间的宗教战争期间，埃尔茨家族的成员在莱茵地区担任重要职务。埃尔茨家族的一些人被选为特里尔和美因茨的采邑主教，在天主教推行反宗教改革中发挥了重要作用。这座城堡始终是其主要权力

上图 骑士厅里现在装饰着挂毯、16 世纪的盔甲和 17 世纪的家具，大厅用于聚会、宴会、舞会和仪式活动，这些活动是城堡主生活的重要组成部分。

右图 在选帝侯房间的壁炉旁边，有一幅1660 年在布鲁塞尔制作的巨大挂毯，描绘的是当时非常流行的动物形象。

左上图 在国旗厅里，巨大壁龛里的透光窗户可以俯瞰山谷的景色。价值连城的 16 世纪时钟放在桌子上，旁边是 17 世纪的长椅。

左下图 19 世纪的彩色玻璃窗和带有晚期哥特式图案的壁画装饰着书房。写字台和扶手椅是 17 世纪的原本物件。

中心。这里位于边境，边境发生了很多血洗了整个地区的冲突，许多城堡因此消亡，但埃尔茨城堡在各种冲突中幸存，十分罕见。城堡唯一一次被占领是在法国大革命期间，当时雅各宾派军队占领了莱茵地区，并在埃尔茨城堡建立了一支由法国人在科布伦茨指挥的驻军。然而，在 1815 年，雨果·菲利普·苏·埃尔茨伯爵作为城堡的唯一所有者，重获对城堡的控制权。他的儿子卡尔伯爵将城堡修复、改造成浪漫风格的建筑。

工程从 1845 年持续到 1888 年，花费了大量的资金。然而，幸运的是，城堡的原始结构没有被破坏，不像 19 世纪其他城堡"遭受"的许多富有想象力的"翻新"。（G.G.）

19 世纪，埃尔茨城堡是英国旅行者喜欢的目的地之一。确切地说，爱德华·默里在 1836 年出版的传奇旅游指南中，将其描述为封建住宅中几乎独一无二的例子，在经历火灾、战争和翻新后仍得以保存。埃尔茨城堡最初正式建于 10 世纪，但现在的城堡村只可以追溯到 12 世纪。这里的风格囊括了罗马式、哥特式和早期巴洛克式。这座令人赞叹的建筑是围绕着长椭圆形庭院发展起来的，两翼连接起来形成了一个村庄：这是埃尔茨家族三个分支的防御住所，城堡高度为河面上 230 英尺（约 70.10 米，与塔楼的高度相同），位于岩石支脉上，地势影响了楼层和房间的布局。城堡被划分为多个"宅第"，各分支家族的建筑互相连接。各个房间都得到了精心修复，里边陈列有画作和古董家具。

吕本纳赫家族宅邸有武器和古董盔甲，包括东方盔甲，还有一张 1520 年的天篷床。附近的下层客房里有传统的佛兰德挂毯、彩绘板和卢卡斯·克拉纳赫的圣母像。菲利普·卡尔和雅各布选帝侯大厅位于罗登多夫宅邸内，这里陈列着来自布鲁塞尔的范德布吕根工作室的挂毯。最奢华的房间是骑士厅和旗帜厅，骑士厅里面还有哥白林的作品。这里的一切看起来都与 1490 年时一模一样，而珍宝馆依然引人注目，里面有 300 多件价值连城的中世纪后期和文艺复兴时期的作品（黄金、瓷器和宗教用品）。（G.R.）

上图 金色大厅漂亮的木质天花板上雕刻着彩绘的寓言人物形象。这座大厅是国王约翰三世庆祝和举行宴会的地方，建于 1576 年，此时是瑞典文艺复兴高潮时期。

上图 巨大的方形塔楼和圆形塔楼是为了架设大炮而设计的：在卡尔马城堡被改造成豪华的皇家住所之前，它曾是瑞典王国最坚固的要塞。

上页图 卡尔马城堡的红色墙壁以其迂回曲折的斯堪的纳维亚屋顶而独具特色，倒映在波罗的海狭长地带的静水中。这座城堡位于厄兰岛上。

瑞 典

卡尔马城堡 *Kalmar*

这座庞大而庄严的城堡位于瑞典最古老的沿海城市，建立在厄兰岛对面的卡尔马海峡，战略地位十分重要，被称为"王国的钥匙"，现在看起来和 500 年前一样气派。城堡最初仅是一座塔，建于 12 世纪，用于防御波罗的海的海盗侵扰。后来逐渐增加了重要的防御建筑。当时，瑞典的南端属于丹麦王国，边界离卡尔马不远，因此，卡尔马城堡成为保护瑞典边境的主要堡垒。几个世纪以来，城堡一直承担着防御任务，在 1307 年至 1612 年间被围攻了 24 次。然而，卡尔马也是汉萨同盟船只的主要停靠港，波罗的海和北海处于该同盟的统治之下。

1397 年，卡尔马城堡发生了斯堪的纳维亚历史上最令人难忘的事件之一。来自北欧三国的代表在城堡开会，并签署了《卡尔马条约》，建立了卡尔马联盟，将瑞典、挪威和丹麦王国统一在一位君主的统治之下，即波美拉尼亚的埃里克七世（1412—1439 年在位），他是丹麦女王玛格丽特一世（1387—1412 年在位）的孙子。然而，这个联盟注定不会长久。150 年后，瑞典宣布独立。卡尔马因此恢复了其作为抵御丹麦入侵者的前哨的职责。

16 世纪下半叶，瓦萨王朝的埃里克十四世（1560—1568 年在位）和约翰三世（1568—1592 年在位）按照文艺复兴时期的风格重建了城堡，并进行了奢华的装修，卡尔马城堡成为他们最喜爱的住所。1660 年至 1697 年在位的查理十一世是最后一位居住于此的瑞典国王。此时，卡尔马已不再是一座堡垒，而是宏伟的皇家住所。丹麦已经失去其在瑞典的所有领土，甚至瑞典的领土又扩张至今日的边界。城堡后来被用作皇家酒厂、监狱，最终在 19 世纪得到翻修，被改造成博物馆。（G.G.）

德国建筑的影响远至斯堪的纳维亚半岛，因此，12 世纪半岛上的君主和贵族开始建造城堡。古斯塔夫·瓦萨（1523—1560 年在位）翻新了卡尔马城堡，他增建了城墙、幕墙，以及巨大的坚固塔楼，供架设大炮使用。漂亮的圆塔证明城堡采用了法国风格，尽管这些独特的、蜿蜒拉长的屋顶在萨克森的莫里茨堡和整个波罗的海地区也可以看到。虽然卡尔马城堡被围攻了 20 多次，甚至后来被用于各种不同的用途（军械库、粮仓、监狱、博物馆），但其内部仍然保留了许多庄严的哥特式建筑。城堡内的国家会议厅有复杂的装饰木制品，房间保存完好，而在约翰三世举行宴会的金色大厅里，其华丽的雕刻装饰和彩绘天花板反映出昔日的荣耀。中央庭院的纪

跨页图 狩猎厅有一个雕刻复杂的镀金天花板，其上檐壁上画着各种猎物。站在右边的斜窗前就可以俯瞰大海。

上图 图中显示的是教堂内部，有一个桶形拱顶，白色墙壁与其他部分形成鲜明对比。教堂建于 1592 年，里面的家具都是古斯塔夫·阿道夫国王于 17 世纪初捐赠的。

念井带有日耳曼特色，而西院的纪念井矗立在宏伟的入口旁，看起来像是向古罗马圆形剧场致敬。它模仿了罗马建筑，两侧有双陶立克柱和科林斯柱。中间突出的瓦萨王朝皇家纹章看似一个花瓶，实际上是一束麦子。（G.R.）

跨页图 伦达尔宫坐落于一座广阔的公园，周围绿树成荫，是一座典型的 18 世纪贵族住宅。其建造灵感来自那个时代无与伦比的贵族宫殿典范：位于凡尔赛的太阳王的宫殿。

右图 两个长长的侧翼从城堡内部立面延伸出来，围住了皇家庭院。马厩和储藏室位于院子后，建成了开敞式座谈间布局。

伦达尔宫 *Rundale*

  此人名叫恩斯特·约翰·比伦，但他让人们叫他比龙，声称自己与法国的伟大家族有关系。实际上，他的背景远没有那么高贵，因为他只是威斯特伐利亚一个小贵族的儿子，是库尔兰公爵男仆的侄子。事实上，他正是在库尔兰（今拉脱维亚）开始了非凡的晋升之路。在米陶，比伦成为库尔兰统治者弗雷德里克公爵的遗孀安娜的顾问和情人。1730 年，这个罗曼诺夫家族中的小人物安娜成为全俄女皇，这下比伦－比龙

右上图 宫殿正面以主入口的两个支柱为框架，每个支柱都由两根爱奥尼亚式的柱子组成，支柱的顶端有两只雕塑的狮子。宫殿正面分为三层，有一排的窗户和一个山形墙门廊。

不仅仅是她的情人了，他迅速成为安娜身边举足轻重之人。比伦帮助安娜执政，为她减轻了国家事务的负担，满足她的每一个奇思妙想，与她共同享受奢华的生活，并保护她的安全，将任何威胁她的人送到冰冷的西伯利亚或刽子手的斧头下。这位女皇的宠臣被其他朝臣憎恨，又广受敬畏，因为他对安娜的影响力毋庸置疑。比伦被授予库尔兰－塞米加利亚公爵封号，因此，他决定为自己建造一座与出色事业相称的宫殿。他将伦达尔作为城堡选址，并聘请了伟大的建筑师巴托洛梅奥·弗朗切斯科·拉斯特雷利建造城堡。该建筑师后来在圣彼得堡建造了冬宫。1736 年，一支工人大军开始建造这座宫殿。

  比伦的运气注定不会长久，1740 年，沙皇安娜·伊凡诺芙娜突然去世，受众人憎

上页上图 由建筑师拉斯特雷利设计的宫殿于1736年开始施工。然而，大部分内部装修却是在1765年至1768年期间完成的，当时比伦在西伯利亚流亡了20多年后重新获得城堡所有权。照片中是气派的荣誉楼梯。

上页左下图 1920年，拉脱维亚共和国没收伦达尔宫，1933年改建成了历史博物馆。城堡的修复工作于1972年开始。这张照片是公爵夫人的卧室，房间里挂有大量的画作。

上页右下图 公爵卧室的一端是深邃的凹室，里面放着一张天篷床，挂有窗帘，形成了封闭空间。两侧是两个巨大的陶瓷炉子。墙上挂着俄罗斯统治者的画像。

左下图 瓷器室所展示的东方瓷器因其原始布局而更具魅力。这些瓷器是宫殿宝藏的一部分。

右下图 正方是伦达尔宫的主要部分。巨大而耀眼的白色大厅用于举办舞会，使用优雅的洛可可风格拉毛粉饰装饰。

恨的比伦被逮捕并判处死刑。然而，在沙皇伊丽莎白（1741—1762年在位）时期，他得到减刑，流放到西伯利亚。伦达尔城堡被没收充公，建造尚未完成。直到1762年，凯瑟琳二世登基，赦免了比伦。此时他年事已高，被剥夺了所有的权力，于是回到家乡度过了余生。城堡后来转让给了与凯瑟琳二世关系密切的祖博夫伯爵，后来又通过婚姻关系转让给了舒瓦洛夫家族，该家族之后一直拥有该城堡的所有权。直到1920年，伦达尔宫在当时的土地改革中重新归属拉脱维亚共和国。在这一时期，宫殿里建立了一所小学。1933年，伦达尔宫改建为博物馆。在第二次世界大战期间，宫殿的一部分被用作粮仓，但没有受到任何损害。城堡于1972年开始修复，目前仍在修复中。（G.G.）

伦达尔宫并不是一座坚固的城堡，而是类似于北方的凡尔赛宫一样的宫殿。确切地说，伦达尔宫被认为是拉脱维亚最宏伟的皇家宫殿。城堡设计采用巴洛克－洛可可风格，为库尔兰公爵而建造，后者是一位名副其实的君主。伦达尔宫由意大利建筑师巴托洛梅奥·弗朗切斯科·拉斯特雷利设计，并亲自监督施工。弗朗切斯科·马丁尼和卡洛·祖基从圣彼得堡赶来，为天花板和墙壁绘制壁画，而柏林雕塑家约翰·米夏埃尔·格拉夫则在这里展示了他拉毛粉饰技艺的全部。宫殿的工程将18世纪君主之间的竞争之风吹到了波罗的海：用华丽的装饰让来访者眼花缭乱。宫殿中央区有王座厅、白色大厅和大画廊，其余部分围绕着中央区建造。宫殿有近140个房间，摆满了艺术品，但大部分都已丢失。整个建筑群装饰得异常豪华，细木护壁板、枝形吊灯、价值连城的拼花地板和大理石令人叹为观止。宫殿周围是生长古老树木的广阔公园。伦达尔宫现在已被改造成博物馆。（G.R.）

右上图 觐见厅的天花板上有一幅巨大的壁画，边框是典型的洛可可时期拉毛粉饰。

右下图 与其他名副其实的宫殿类似，伦达尔宫也有专用会客室。会客室墙壁完全涂成红色，墙上挂有大师级艺术家的画作。

左图 金色宴会厅的天花板上绘有小天使形象的壁画。房间里有特别的拉毛粉饰玫瑰装饰，玫瑰从飞檐线脚延伸到墙壁木板上。

跨页图 金色宴会厅的天花板上有一幅巨大的寓言壁画，还有波希米亚水晶吊灯，在恩斯特·约翰·比伦短暂执政的时期，这里是库尔兰－塞米加利亚公爵的正殿。

跨页图 克里姆林宫大殿、圣母领报大教堂、大天使教堂和伊凡大帝钟楼耸立在台尼茨卡亚塔楼的红砖墙上方。

上图 1937年，克里姆林宫里最高的五座塔楼上安装了镀金的人造红宝石星星。这些星星安装在滚珠轴承上，随风摇摆。最小的一颗重超一吨。

上页左下图 幕墙上建有20座塔楼，是两位斯福尔扎建筑师彼得罗·安东尼奥·索拉里和马尔科·鲁福的作品。二人创造了一种将拜占庭式的风格元素与意大利文艺复兴早期的风格元素结合起来的新风格。

上页右下图 斯大林时期的摩天大楼耸立在克里姆林宫之上，曾是这座城市中最显眼的建筑。直到20世纪初，莫斯科都没有超过三或四层高度的建筑。

俄罗斯
克里姆林宫
The Kremlin

　　中世纪时期，俄罗斯的每个城市都有自己的克里姆林，或者叫堡垒。克里姆林这个词可能来自鞑靼语，意为平民和宗教掌权者居住的防御区。在现存的克里姆林堡垒中，莫斯科的克里姆林被称为"克里姆林宫"，它是沙皇时期神圣俄罗斯的中心，后来又成为苏联的中心。1156年，苏兹达尔王子尤里·多尔戈鲁基在莫斯科河畔建造了一座木制堡垒，但鞑靼人在1238年将其夷为平地，废弃了一个世纪。1326年，另一位王子伊凡·卡利塔重建了莫斯科及克里姆林宫，将东正教的大主教从弗拉基米尔请到此处，并在木制围墙后方建造了第一批石制教堂。50年后，周围建造了更长的石墙，取代了木制围墙，并增建了塔楼。然而，在1382年，鞑靼人再次摧毁了这座城市，屠杀了半数居民。

跨页图 圣母升天大教堂于 1475 年至 1479 年间，由技艺娴熟的意大利建筑师阿里斯托泰莱·菲奥拉万蒂建造，他成功地将俄罗斯的传统风格与意大利文艺复兴时期的现代创新工艺融合在一起。该教堂用于举办加冕仪式以及主持重要的弥撒。

右图 伊凡大帝钟楼分为两座相邻的建筑：265 英尺（约 80.77 米）的塔楼和另一个带有拱门的下层结构。铸于 18 世纪的沙皇钟安置在内部，重达 220 吨。

左图 圣母领报大教堂是俄罗斯艺术的杰作，前身是建于 14 世纪末的沙皇家族的私人小教堂。优雅的大教堂拥有九个镀金圆顶，是莫斯科古老和著名的建筑，也是克里姆林宫内最大的建筑。

克里姆林宫在伊凡大帝三世（1462—1505 年在位）时期进行了第三次重建，堡垒建造的规模和布局一直保持到现在。他委托意大利建筑师阿里斯托泰莱·菲奥拉万蒂、彼得罗·安东尼奥·索拉里、马尔科·鲁福和达洛伊西奥·达米拉诺监督工程建设。建筑师们用砖头重建了城墙和塔楼，并与当地工匠合作，创造了一种独特的风格，引得其他俄罗斯城市纷纷效仿。在接下来的 200 年里，克里姆林宫逐渐加建了其他建筑，如沙皇的住所。它是俄罗斯宫廷戏剧和悲剧的舞台：伊凡雷帝统治、假冒者德米特里篡位、波兰军队征服首都、罗曼诺夫王朝崛起，以及屠杀俄国近卫骑兵，这些反叛的帝国卫兵与反对彼得一世（后来的"大帝"）继承王位的摄政王索菲亚公主关系密切，因而遭到屠杀。

几年后，彼得大帝将首都迁至他在波罗的海沿岸建造的新城市——圣彼得堡。然而，克里姆林宫仍然是俄罗斯帝国的宗教中心以及主教的住所。宫殿曾发生多次火灾，最终烧毁了克里姆林宫最后一批木制建筑。沙皇花了大量时间按照当时流行的风格建造新的宫殿，修复在火灾中损坏的宫殿。

1812 年，拿破仑占领了莫斯科，决定放弃这座城市，他命令士兵拆毁克里姆林宫。然而，只有少数地雷爆炸，损坏了部分塔楼。19 世纪，城堡新建了其他建筑。在 1917 年 11 月俄国十月革命期间，经过几天恶战，布尔什维克终于成功夺取了克

上页上图 圣安德鲁大厅里，沙皇的宝座（中间）以及皇太后和沙皇皇后的宝座（两侧）上方有一个仿貂皮的帷幔华盖。

上页左下图 圣乔治厅是宫殿中极大极雄伟的大厅之一。十八根柱子上的大理石雕像象征着组成俄罗斯的国家，支撑着由拉毛粉饰和玫瑰花纹装饰的拱顶。

上页右下图 克里姆林宫大殿彰显了王室的尊贵和罗曼诺夫家族的稳定。大殿采用了新古典主义风格和巴洛克式的细节设计，突出了沙皇俄国的华丽和奢侈。

右图 这两张照片分别展示了圣亚历山大大厅和圣安德鲁大厅，是为了纪念 1725 年由女皇叶卡捷琳娜一世创立的亚历山大 - 涅夫斯基骑士团而建造的。大厅内，镀金的椅子上缝制了天鹅绒座椅套，背面贴着骑士团的星星，椅子沿着大理石墙壁摆放。

里姆林宫。1918 年 3 月，以列宁为首的苏维埃政府搬进了克里姆林宫，放弃将圣彼得堡作为政治中心——因其暴露在敌人攻击之下。在 20 世纪 20 年代和 30 年代，克里姆林宫拆毁了一些损毁严重的建筑，修复了其他建筑。国会宫建于 1961 年。（G.G.）

克里姆林宫的布局看起来像一个不规则的三角形。古代原始堡垒的墙壁是由石灰岩制成的。在 1485 年至 1495 年间，炉砖制成的幕墙取代了原始的墙壁。城墙长 7300 英尺（约 2225.04 米），厚 11.5~21 英尺（约 3.50~6.40 米），高 16~62 英尺（约 4.88~18.90 米）。克里姆林宫有 20 座塔楼，其中三座是圆形的，所有的塔楼都很有名，例如秘密通道塔，内部有一口秘密的井和一条通往莫斯科河的地下通道。城堡内曾经有 20 多个广场和街道，有多个教堂、主教座堂和宫殿。现在，这里只有三个广场和一些建筑，包括参议院大楼、大天使教堂、多棱宫（莫斯科古老的建筑，曾用作沙皇的典礼仪式和接待场所）、克里姆林宫大殿、国会宫、圣母升天大教堂、圣母法衣存放教堂、圣母领报大教堂、牧首宫、特雷姆宫（为沙皇家族保留。它是 17 世纪俄罗斯建筑和生活方式的特别纪念），以及最重要的国家军械库，保存着帝国加冕仪式的象征物，包括叶卡捷琳娜二世镶嵌着 5000 颗钻石的莫诺马赫王冠，以及嵌有重量近 200 克拉巨大奥尔洛夫钻石的权杖。（G.R.）

上图 塔楼的内部由三叶形双开窗和壁画装饰，甚至连步道上也有风景装饰。这些塔楼是由意大利建筑师于 1485—1508 年建造的。

下图 特雷姆宫是沙皇皇后的住所，但事实上是沙皇们在使用。房间装饰着宗教壁画，巨大的陶瓷炉子用于取暖。

跨页图 多棱宫因其外墙的直棱琢石工艺而得名，由马尔科·鲁福和彼得罗·安东尼奥·索拉里于 1487 年至 1491 年之间建造。多棱宫用于接待大使，皇室在底层的大厅里欢迎他们。大厅里装饰着 17 世纪的壁画。

下页右上图 在装饰有镀金花环的拱形门另一侧，漂亮的陶瓷炉子为特雷姆宫的正殿供暖。

下页右下图 带有三角墙的文艺复兴式拱门是多棱宫中一个房间庄重的入口。

上图 诺加特河在马尔堡——古代的马林堡——的城墙前形成了一道宽阔的防御屏障。马尔堡是条顿骑士团大团长的住所,该骑士团在圣地为保卫圣墓而建立,然后去了普鲁士征服异教徒的土地。

右图 一些建筑围绕着城堡的原始中心建造起来。当马尔堡成为富裕而强大的修道院国家的小首都时,这些建筑被用于各种用途。

波 兰
马尔堡城堡
Malbork

马尔堡，即古代的马林堡，不仅是一座城堡，它是欧洲最大的城堡，而且是一座由双环城墙包围的设防城镇，城镇里有大约30座半圆形的尖顶塔。马尔堡的起源可以追溯到13世纪，当时马佐夫舍公爵康拉德无法征服普鲁士人（普鲁士公国以其命名）的异教部落。因此，他求助于在十字军东征期间为保卫圣墓而在圣地建立的条顿骑士团。作为对骑士团援助的回报，这些虔诚的士兵得到了他们所征服的部分领土，条顿骑士团在但泽（今格但斯克）附近的诺加特河畔（维斯图拉河的支流）建立了自己的小首都。马林堡城堡是骑士团大团长的住所，于1274年在此处建造。这个宏伟的砖砌建筑群建有骑士和客人的房间、巨大的厨房、马厩、酿酒厂、小教堂、座堂会议厅、面包烘房、监狱和两个可以容纳数百人的食堂（冬夏分用）。这是因为骑士团的策略是通过举办奢华的宴会向王子和当地的部落首领展示其财富和权力。城堡建有巨大的粮仓，这些粮食被运到汉萨同盟的贸易中心——但泽，然后从该港口运往德国。条顿骑士团的经济来源是在其征服的土地上种植小麦向外销售。到15世纪，他们统治了一个从普鲁士延伸到爱沙尼亚的国家。普鲁士王国是在宗教改革运动期间骑士团被世俗化之后形成的。

14世纪，建筑师尼古劳斯·费伦斯坦以哥特风格重建了马林堡城堡。城镇围绕着城堡发展，新建的城墙坚固地保卫着小镇。事实上，1410年波兰人在坦嫩贝格（斯滕巴尔克的旧称）的战斗中击败骑士团，后来攻击城堡时，骑士团最终被迫撤退。然而，在1456年，贫困的条顿骑士团无力付款，被迫将城堡交给雇佣兵。雇佣兵又把城堡卖给了波兰的雅盖隆国王卡齐米日四世（1447—1492年在位），后者把城堡改造成了自己和继承人的住所。18世纪，波兰分裂，马里恩堡落入普鲁士人之手，他们拆除了部分城堡，并将其改建为兵营。修复工作于1817年开始。（G.G.）

巨大的建筑群分为三个部分：低堡，最初是作为要塞城墙外的防御前哨；中堡，建于14世纪；高堡，城堡中最古老的部分。低堡只剩下宽阔的防御平台和哥特式的圣劳伦斯教堂（建于14世纪）。在中堡，即大团长宫——骑士团大团长的住所，建有宏伟的拱形房间，造型非常特别。波兰国王后来把中堡变成了皇家住宅。高堡是四角形结构建筑，屋顶极高，令人印象深刻，由极具建筑特色的房间组成：小教堂、座堂会议厅、金库、食堂、骑士宿舍、厨房、牢房和医务室，房间内还有富丽堂皇的雕塑。今天，大部分房间里有博物馆收藏的中世纪手工艺品、武器和盔甲、家具和极好的琥珀制品。献给圣母的教堂很精致，建有一扇哥特式金门，上面有中世纪特有的多色装饰图案。（G.R.）

上图 14世纪的中堡围绕巨大的长方形庭院而建，是骑士团大团长的宫殿。宫殿建有私人套房和正式的大厅，房间建有华丽的拱顶。

捷克共和国
卡尔斯坦城堡

Karlstejn

卢森堡家族的波希米亚国王和神圣罗马帝国皇帝查理四世（1346—1378 年在位）是一位伟大的历史遗物收藏家。中世纪欧洲所有君主都蒙受上帝恩典而获得权力，查理四世也是如此。为了保证获得上帝保佑的神圣遗物被小心翼翼地保护起来，并储存在炫目的人形圣物盒中，圣物盒用黄金和宝石精心制作。为了保护这些精神财富，也因为其确实价格高昂，查理四世特别建造了一座城堡。这个坚不可摧的石制宝库位于离首都布拉格约 18 英里（约 28.97 千米）的地方，建造在一座被峡谷包围的峭壁上。第一块石头于 1348 年 6 月 10 日奠基，并由帕尔杜比采的大主教阿尔诺斯特祝祷（教会参与其中非常罕见，通常不会为一个将存放神圣遗物的军事建筑祝祷）。城堡建设由法国建筑师阿拉斯的马蒂亚斯和波希米亚人彼得拉·帕勒负责，尽管到 1355 年大部分工程已经结束，查理国王可以住进城堡，但整个建筑工程直到 1367 年才完成。确切地说，国王可以住在那里，但王后不行。城堡被赋予了一种几近修道院性质的宗教用途，妇女不允许在此处过夜。因此，查理为他的王后建造了另一座城堡——卡里克城堡，离卡尔斯坦城堡不远，在那里他可以享受夫妻生活和宫廷生活的乐趣。查理还将帝国的珠宝带到了卡尔斯坦城堡。这些神圣的珠宝，每年都被运送到布拉格，以庆祝查理的加冕纪念日，并展示给他的臣民。城堡和其中的珍宝由一位城堡指挥官带领 22 位骑士和 20 位封臣共同看守。其中 10 人日夜守卫，在塔楼上瞭望。每隔一小时，他们都要用响亮的声音喊出"离开这里！远离城墙！不要靠近，否则格杀勿论"，以吓退躲在城堡周围树林里的盗贼。

这些价值连城的圣物被放置在城堡中守卫最严密的地方，即圣十字教堂。教堂位于城堡主塔，由四扇铁门保护，每扇门有 19 把锁。珍宝还受到宫廷艺术家西奥多里库斯大师画的圣徒像的保护。只有大主教才能在这里做弥撒，而国王本人在进入之前也必须脱鞋。查理四世的编年史著者自豪地写道："世界上没有比这更漂亮的小教堂了。"

然而，查理的儿子，也就是王位的继任者，温塞斯拉四世是最后一个住在城堡里的君主。1422 年，胡斯派叛军围攻了城堡六个月，没有成功。帝国珠宝被运到纽伦堡，1619 年，波希米亚王室珠宝和皇家档案被转移到布拉格，随后圣物也被运送过去。城堡沦为废墟，转让给女王，但它只被用作仓库和粮仓。直到 1886 年，建筑师约瑟夫·莫克尔全面修复城堡，并将其建成现有的外观。（G.G.）

上页图 卡尔斯坦城堡看起来像一个紧凑的建筑群，宝库的低矮塔楼是建筑群里最显眼的建筑。建有城齿的墙壁环绕着整个建筑群。

上图 圣凯瑟琳小教堂的墙壁上镶满了宝石，这是国王查理四世的私人教堂，他在教堂里静思冥想，做出政治抉择。

卡尔斯坦城堡采用奇特的细长布局，其固定的上楼通道，经过沃西尔卡塔、城堡指挥官的法庭、井塔和皇宫，象征着升入天堂。外部楼梯通向诸侯殿堂。皇帝的套间，以及挂有《圣母与圣婴》三联画的小教堂都在上层。这层楼还有一个大厅，14世纪一位被称为"家谱大师"的画家在这里完成了一套著名的查理四世祖先的肖像画。这些画作后来都遗失了。其他套间位于三楼，在其中一间卧室里仍然可以看到托马索·达·莫代纳的双联画。玛丽塔内有圣母教堂，其墙壁和天花板上都画有尼古拉斯·武姆泽的壁画，还有非凡的圣凯瑟琳小教堂，其墙壁上镶嵌着宝石和绿松石。查理在这里冥想，做出政治抉择。

一座吊桥通向巨塔，塔高121英尺（约36.88米），墙壁厚达20英尺（约6.10米）。这里有欧洲壮观的房间，仅有乔托为之绘制壁画的斯科洛文尼教堂可以相媲美。这就是圣十字教堂，帝国最神圣的宝物被保护在四扇有19把锁的门后。教堂的哥特式拱顶完全由拉毛粉饰和威尼斯玻璃装饰，描绘了太阳、月亮和星星的图案。墙壁的下部装饰着镀金拉毛粉饰，上面镶嵌着成千上万的石头。上部有129块由特奥德里克大师绘制的辉煌的哥特式嵌板，描绘了基督天堂的军队。小教堂象征着天国的耶路撒冷，被1300支蜡烛照亮。（G.R.）

跨页图　王冠上的珠宝和价值连城的遗物被保存在圣十字教堂里。墙壁上镶嵌着2200多颗宝石，有128块刻有圣人和天使形象的嵌板。神圣罗马帝国和波希米亚王国的徽章保存在祭坛后面。

赫卢博卡城堡

Hluboka

施瓦岑贝格王国是波希米亚南部封地的名字，这个名字并没有讽刺意味，而是带有对哈布斯堡帝国极富有家族的权力的敬畏与惊愕。该王国拥有超过 44 万英亩（约 1780 平方千米）的田地、草地、森林和沼泽，猎物众多。封地中遍布乡间别墅和狩猎小屋，有 23 万名勤劳的臣民。与真正的王国一样，施瓦岑贝格王国自然有一支小规模的军队：由几百名身着浅蓝色裤子和白色夹克（这是施瓦岑贝格家族的颜色）的特种兵组成的私人卫队，他们戴着用公鸡羽毛装饰的耀眼镀金头盔。1705 年，这些士兵首次在赫卢博卡城堡院内集结，赫卢博卡城堡当时是施瓦岑贝格王国辽阔领地的小首都，后来被更宏伟的克鲁姆洛夫城堡取代。

1660 年，约翰·阿道夫一世（1615—1683 年）购买了特热邦的封地，于是，来自下弗兰科尼亚的德国贵族施瓦岑贝格家族来到了波希米亚。1661 年，阿道夫一世购买了赫卢博卡城堡，这是一座在国王瓦茨拉夫一世（1230—1253 年在位）时期建造于伏尔塔瓦河附近山上的堡垒。这座城堡后来被翻修过几次，以迎合不断变化的喜好。约翰·阿道夫的儿子弗朗茨·亚当在 1719 年继承了赫卢博卡城堡和克鲁姆洛夫城堡，建立了施瓦岑贝格王国并成为其第一位君主。弗朗茨·亚当精力充沛，是一位出色的管

跨页图 伏尔塔瓦河在白色建筑群附近缓缓蜿蜒流淌。城堡有 144 个房间，里面摆满了古董家具、挂毯、瓷器和狩猎战利品。仅绘画就有近 1000 幅。

下图 原来的中世纪赫卢博卡城堡没有任何遗迹，在此处建造的文艺复兴时期的住宅也是如此。这座现代建筑类似都铎王朝的城堡，但实际上以温莎城堡为原型，与周围环境格格不入。

右图 这是一个非常复杂的大门把手，雕刻着一只猎鹰正在啄出满脸胡子的土耳其步兵的眼睛，让人想起阿道夫·祖·施瓦岑贝格的功绩：1589 年，他在拉布击败了土耳其人。

右图 两个长廊的哥特式拱门框住了荣誉楼梯的两侧。长廊里陈列着施瓦岑贝格家族祖先的画像，该家族是哈布斯堡帝国极富有、极强大的家族之一。

下图 图书馆采光良好，拥有镀金雕饰巴洛克式天花板，里面摆满了书籍以及 17 世纪和 18 世纪的地球仪。

左图 大厅的拱顶上悬挂着一盏精致的穆拉诺岛玻璃吊灯。巴洛克式壁炉上方陈列着代尔夫特陶器收藏品，后面悬挂着一幅小勃鲁盖尔的画作。

右图 大厅里摆放了当时的家具，在洛可可风格的细木护壁板间挂有 18 世纪的家族画像。

理者、完美的廷臣、慷慨的捐助者，最重要的是，他是一个充满激情的猎人。弗朗茨·亚当喜欢待在赫卢博卡城堡中，对城堡状况非常关注。他委托布拉格建筑师帕维拉·伊格纳茨·巴耶尔改造城堡，而后又请意大利建筑师安东宁·埃拉尔·马丁内利改造，使其成为一座奢华的巴洛克式豪宅，于 1728 年完工。然而，这并不是这座世所罕见的城堡进行的最后一次复兴。

19 世纪上半叶，奥地利贵族间掀起了英国热。其他贵族只是在郊区别墅周围建造巨大的英式公园，在马厩和鱼塘之间安装网球场，而约翰·阿道夫二世对英国风爱得过头了。他是施瓦岑贝格王国的新统治者，哈布斯堡帝国首相费利克斯的兄弟，也是萨尔茨堡以及后来布拉格的红衣主教弗里德里希的兄弟。他和出生在列支敦士登的妻子埃莉诺曾多次前往英国，最终在 1838 年参加了维多利亚女王的加冕庆典。夫妇二人品味相同，访问期间乐此不疲地参观温莎城堡，被城堡的都铎风格深深吸引。确切地说，他们回到自己的国家后决定在波希米亚南部建造一座与周围格格不入的、非常英式的住宅。雅致的宅第建造于捷克的森林中心，仿佛一个惊人的幽灵脱离了时空。（G.G.）

这座白色宅邸布局细长，两侧是连续的优雅都铎式塔楼，嵌在主楼上。城堡里有 140 个房间，其中三分之一是向公众开放的，展出 4 万多件艺术品。画作有 900 幅，包括《十二个月》、斯奈德斯的 11 幅狩猎场景画和约翰·乔治·汉密尔顿的 5 幅风景画，还有 57 幅 16 世纪的佛兰德的挂毯、古董和现代家具、撒克逊银器、东方古董、装有钢制武器和枪支的架子、波希米亚水晶和法恩扎的陶瓷工艺品。这些房间包含拥有文艺复兴时期来自克鲁姆洛夫城堡的花格天花板的餐厅、大理石厅，拥有阿道夫·祖·施瓦岑贝格（1598 年在拉布击败土耳其人）和卡尔·祖·施瓦岑贝格（1813 年在莱比锡作战）雕像的武器室、阅览室和剧院。图书馆非常特别：馆内有巴洛克晚期的豪华书柜，是施瓦岑贝格家族从巴伐利亚州沙因费尔德的城堡带到这里的，架上有超过 12000 本装订精美的书籍。一辆巴洛克式的雪橇和一辆 1638 年的马车在城堡里的一条走廊上展览，雪橇和马车属于埃根贝格家族，该家族以前是克鲁姆洛夫的领主。（G.R.）

右图 霍赫奥斯塔维茨城堡的战略位置就像鹰巢，用来封锁通往卡林西亚的道路。然而，随着土耳其入侵的威胁减弱，城堡被改造成了贵族住宅。

上图 一排 16 世纪的盔甲似乎在向克芬许勒家族致敬。墙上 18 世纪的肖像画中，微笑的城主们就是克芬许勒家族成员。

奥地利

霍赫奥斯塔维茨城堡

Hochosterwitz

　　霍赫奥斯塔维茨城堡建在卡林西亚的岩石山嘴顶部，周围是平原，其历史可以追溯到 860 年左右，当时奥地利还是一个边境地区。它是神圣罗马帝国的一座堡垒，俯瞰潘诺尼亚大地，此处极易受到阿瓦尔人、斯拉夫人和匈奴人的入侵。霍赫奥斯塔维茨城堡的城主们，也就是奥斯特维茨家族，守卫着受到入侵威胁的边境地区。1209 年，奥托四世授予他们"伟大的帝国侍酒者"的称号。他们勇敢地守卫着这片土地，直到 1475 年，来自亚洲的新征服者——土耳其人，发起了毁灭性的突袭，征服了这座要塞，并俘虏了最后一名奥斯特维茨人，他死在了监狱里。奥斯特维茨家族从此灭亡，城堡归皇帝腓特烈三世（1440—1493 年在位）所有，他指派了一支驻军守卫城堡，英勇地抵御了土耳其人的攻击。一个世纪后，神圣罗马帝国皇帝斐迪南一世（1558—1564 年在位）将城堡委托给卡林西亚省队长克里斯托夫·克芬许勒，他有力地领导军队守卫城堡。他的儿子格奥尔格买下了城堡，城堡成为克芬许勒家族的重要财产。在夺取匈牙利后，土耳其苏丹似乎有意征服奥地利。格奥尔格还进一步加固了城堡，以保护其免受土耳其日益增长的威胁。

　　格奥尔格·克芬许勒不仅是一个伟大的领主、聪明的赞助人，还是一个老练的士兵，他将霍赫奥斯塔维茨城堡改造成今天的意大利式王子住宅，同时也努力使其

坚不可摧。格奥尔格加强了城堡防御，建造了 14 扇坚固的大门，以切断难以通行的上山路线。这个概念在城堡建筑史上是独一无二的，也是矫饰主义建筑的一个小杰作。这项工作在 15 年后完成，即 1586 年。格奥尔格男爵对这一成果感到非常自豪，他在城堡庭院的一面墙上镶嵌了一块大理石碑，希望他的后代能够永远保留城堡的所有权，并以同样的热情来维护城堡。他的愿望实现了：他的后代仍然拥有霍赫奥斯塔维茨城堡的所有权，这里一直是克芬许勒主要分支家族的住所。（G.G.）

高大山丘上的城堡保护着佐尔菲尔德，这是"基督教的堡垒"，必须不惜一切代价加以保卫。城堡的布局很简单：山顶上有一个长方形的城堡宫殿，角落里有三座圆塔。 然而，要到达此处，必须经过三条护城河和 14 道防御门：旗兵门、哨兵门、舟门、天使门、雄狮门、壮士门、克芬许勒门、景观门、柴门、兵器门、城墙门、吊桥门、库尔玛门、教堂门。每道门都比前一道门更加辉煌，更令人叹为观止。它们是名副其实的凯旋门，象征着霍赫奥斯塔维茨城堡坚不可摧。现在，城堡的房间里收藏着绘画、史前文物、武器和盔甲，其中一套盔甲超过 8 英尺（约 2.44 米）高。正如传说中的那样，在一次围攻中，这套盔甲的主人吓坏了土耳其人，他说自己不过是他战友中最矮的一个，仅这一句话就把他们吓跑了。（G.R.）

上图 通往要塞的道路呈"之"字形，用 14 道门防卫。对于进攻者来说，要想通过全部门非常困难。

上页图 强力的炮台堡垒耸立在僧侣山山顶，是萨尔茨堡最独特的景观。

下图 萨尔茨堡的王子大主教们经常逃到他们的官邸——萨尔茨堡城堡，因为他们专横的统治引发了臣民的愤怒和叛乱。

奥地利

萨尔茨堡城堡

Festung Hohensalzburg

在作为莫扎特之城而闻名于世之前，萨尔茨堡还拥有另一个称号——"德国罗马"，因为这里是天主教德国的宗教首都。确切地说，这座城市是由一位圣人——沃尔姆斯的鲁珀特主教建立的。他在僧侣山上被匈奴人摧毁的罗马城市——朱瓦乌姆的废墟上建立了一座修道院。同时，他的侄女在萨尔察赫河畔建造了依山修道院，这两个修道院之间逐渐发展出了城镇。鲁珀特的继任主教最初在巴伐利亚公爵的支持下统治该镇，后来得到了皇帝的支持，逐渐扩大权力范围，积累财产。784年，查理大帝任命他们为大主教。1278年，哈布斯堡王朝的鲁道夫封他们为神圣罗马帝国的王子。的确，这些主教的行为并不遵从教会的规矩，做派更像王子。

1077年，格布哈特在另一座陡峭的山上建造了萨尔茨堡城堡，大主教居住此处。建筑工程继续进行，堡垒规模逐渐扩大，最终萨尔茨堡城堡成为中欧雄伟的军事建筑群。动荡时期，大主教们到此处寻求庇护。1520年至1526年，农民战争和马丁·路德的宗教叛乱激起了德国社会的震荡。这些王子主教对他们的臣民十分粗暴，不用主教权杖，而是用剑惩罚他们。莱昂哈德·冯科伊查赫给城里的显要人物戴上了镣铐，因为他们坚持只听从皇帝的命令。1511年，莱昂哈德被迫把自己关在萨尔茨堡城堡，以躲避萨尔茨堡受压迫公民的愤怒起义。他将城堡改造成了文艺复兴风格的豪华住宅。

上页图 从米拉贝尔宫公园看去,王子主教的巴洛克式夏宫——萨尔茨堡城堡外墙苍白,格外醒目,在萨尔茨堡城堡的衬托下,大教堂显得十分低矮。

左下图 这是城堡中的一扇门,其复杂的装饰体现了王子主教们私人房间的奢华,他们在这里一直住到17世纪。

右下图 萨尔茨堡要塞的底层是城堡博物馆,收藏了中世纪的绘画和雕塑,以及一些武器和盔甲,其中一些盔甲的样子好像已经准备好开始战斗。

在这些苛刻的高级教士中,最耐人寻味的是沃尔夫·迪特里希·冯莱特瑙,他喜欢称自己为王子大主教。1587年,年仅28岁的沃尔夫被大教堂的教士们推选为大主教,他是"一位宗教里的世俗大主教"。他热爱艺术、文学和音乐(于1591年建立了萨尔茨堡宫廷乐队),并将教区改造成了宫廷。奢华的萨尔茨堡城堡不足以满足他,于是他开始重建城市中的建筑,增建了从罗马蔓延到整个天主教欧洲的新反宗教改革风格的建筑。他为自己建造了住宅,为他美丽的情人萨洛梅·阿尔特建造了米拉贝尔宫。他还重建了被大火烧毁的古老罗马式大教堂。传说中,他就是放火的人,就像一个基督教会里的尼禄,因为他不能再忍受在那个"古董"建筑里做弥撒。他离开并不舒适的萨尔茨堡城堡,住进了位于城市中心的新豪宅。然而,命运对沃尔夫·迪特里希很残忍。他的统治只持续了24年,1612年,他被巴伐利亚的马克西米利安公爵俘虏并囚禁,他曾与马克西米利安公爵在领土问题上有过激烈的争执。虽然教皇使节从公爵那里将沃尔夫·迪特里希带走了,但他还是被迫辞职了。他的继任者马库斯·西蒂库斯·冯霍恩埃姆斯将这位被废黜的大主教关在其厌恶的萨尔茨堡城堡中。沃尔夫被废黜并终身监禁,在悲伤和遗憾中日渐憔悴,最后于1617年心碎而死。(G.G.)

城堡中最古老的是被称为"老城堡"的中央部分。"老城堡"于15世纪重建,当时还在外部幕墙上建造了圆塔。大主教莱昂哈德·冯科伊查赫(1495—1519年任职)进行了大幅度扩建,城堡耸立在僧侣山山顶,十分坚固。16世纪到17世纪,为了抵御土耳其人的入侵,城堡增建了外部的堡垒。住宅翻修成富丽庄严的房间。其中一个例子是著名的金色大厅,有红色大理石制成的弯曲柱子,贵重的天花板,复杂的哥特式装饰以及著名的马约利卡炉,上面装饰着精致的圣徒画像,是令人赞叹的中世纪后期艺术品。城堡中有大量的艺术收藏品,人们可以通过1892年安装的缆车轻松抵达城堡。(G.R.)

左图 罗森堡城堡耸立于坎普河上的岩石岬角上，16世纪到17世纪得到改造，这个坚固的中世纪建筑成了华丽的郊外住宅。

跨页图 客人可以在塔楼的阳台和有遮阳棚的屋顶平台上观看比武，比武地点是欧洲最大的草皮旷地，周围拱门环绕。

奥地利

罗森堡城堡

Rosenburg

临近历史上至关重要的 1000 年，多瑙河左岸向北延伸的下奥地利仍然是一块未被征服的土地，横跨一条河流，几个世纪以来，这条河流标志着两个世界的划分：罗马人和野蛮人的世界。这片土地被称作普福滕，遍布山脉和溪谷，如迷宫般错综复杂，普福滕（德语意为小门）即人口迁移和富裕的贸易交通所经过的"门"。这些门包括维也纳门、匈牙利门、摩拉维亚门和波希米亚门。在多年的战斗中，大门必须持续守卫，必要时设置路障。因此，高地上和山谷中都建造了坚固的城堡。其中一座是耸立在坎普河上的罗森堡城堡，这是从波希米亚进军到维也纳的必经之地。直到要塞建成 400 年后，人们一直担心的事情才发生：当时好战的胡斯派异端分子从波希米亚涌出，被指责由反基督者领导，意图摧毁天主教会。1433 年，罗森堡被攻陷，建筑遭到破坏。

1476 年，皇帝腓特烈三世（1440—1493 年在位）的侍从卡什帕·冯·罗根多夫买下了城堡遗迹及其周围的领地，他重建了城堡，1487 年将它卖给了雅各布·格拉布纳和克里斯托夫·格拉布纳。格拉伯纳兄弟以及他们的子孙（尤其是塞巴斯蒂安），将罗森堡从中世纪的城堡改造成了坚固的文艺复兴风格贵族住宅。从 1593 年到 1597 年，塞巴斯蒂安花了很多钱翻新城堡，如今这座城堡已经成为家族住宅。塞巴斯蒂安负债累累，此后不久，他心爱的妻子去世。因此，他被迫放弃梦想，卖掉了城堡。1604 年，汉斯·约尔格·冯·托莱购买了罗森堡城堡，但在 1611 年又出售给当时奥洛莫茨的红衣主教弗朗茨·冯·迪特里希施泰因。这位主教做的第一件事是将城堡的小教堂（原本为新教服务而设，因为该地区主要信仰新教）改建为天主教堂。几年后，坎普河谷成为三十年战争（1618—1648 年）中天主教徒与新教徒之间首次战斗的场所，这场战争将使整个德国浸在血泊之中。1620 年，新教军事领袖弗赖赫尔·冯·霍夫基兴男爵占领了罗森堡城堡，并屠杀了所有守卫者。仅仅半个世纪后，这座堡垒再次成为豪华的贵族住宅。霍约斯家族接手城堡后进行了修复和装饰工作。同时，哈布斯堡王朝再

次征服匈牙利后，罗森堡城堡失去了原有的军事地位，不再有各种突发的危险，因为边界向南拓展了很多。（G.G.）

　　这座古老的中世纪城堡围绕着一个带有五角形庭院和高大幕墙的堡垒而建。16 世纪和 17 世纪，城堡被扩建成豪华的文艺复兴时期住宅，风景如画，拥有欧洲最大（223 英尺 ×151 英尺［约 68 米 ×46 米］）和目前保存最完好的比武场。鸟瞰图显示，与两个巨大的绿色庭院（其中一个完全门廊式的庭院看起来像意大利的加尔都西会修道院）相比，建有塔楼的区域很小。此处传统的新哥特式装修可以追溯到 19 世纪。城堡中众多装饰华丽的房间（特别是图书馆、小教堂和音乐室）收藏着吸引人的艺术品、价值连城的家具、巨大的炉子、钢制武器和枪支，以及费迪南德·冯·恩格尔斯霍芬男爵收集的史前文物。（G.R.）

上图 西庸城堡建在凸向日内瓦湖的悬崖上，占据关键的战略位置，掌控了中世纪意大利和北欧之间的主要通道。

右图 城墙和旁边的建筑包围了城堡中央的方形塔楼。其他塔楼沿湖而建，耸立在环绕山脚的路上，令人印象深刻。

右图 巍峨的圆塔将阻止任何冒险进入山脉与湖泊之间狭窄空间的敌对军队过境。

下图 带有奇特雨棚的大窗户俯瞰着内部庭院，里面有马厩、储藏室和门房。

瑞 士

西庸城堡

Chillon

　　壮丽的西庸城堡建在凸进日内瓦湖的岩石岬角上，仿佛漂浮在水上。城堡建造日期不详，但在有关文字记录中首次被提到的时间是 1150 年。建造西庸城堡的目的是控制从勃艮第到圣伯纳德大山口的道路，从而阻断山脉和湖泊之间的狭窄通道。当时西庸城堡是萨伏依的要塞，1248 年，萨伏依家族的彼得（"小查理曼"）扩建了城堡，他战胜了帝国军队，占领了沃州。城堡地理位置绝佳，在接下来的一个世纪里，它成为萨伏依家族和王室宫廷最喜欢的夏季住所。在 16 世纪的宗教战争期间，萨伏依公爵们在西庸城堡关押囚犯。其中最著名的囚犯是弗朗索瓦·德·博尼瓦尔，他是日内瓦圣维克多的修道长，反对萨伏依王朝，是祖国的捍卫者。拜伦勋爵的诗歌《西庸的囚徒》为博尼瓦尔的故事增添了浪漫色彩。博尼瓦尔在汝拉山被一群强盗抓获，他们把博尼瓦尔卖给了萨伏依公爵，后者将其关押在地牢里。六年来，他一直被锁在一根柱子上，像笼中的动物一样围着柱子踱步。拴在他腰上的铁环和他在石板上留下的足迹依然可见。1536 年，在伯尔尼军队的支持下，一支来自日内瓦的舰队前来复仇，围攻并占领了这座城堡，最终救出了城堡里的囚犯。

左图 城堡的一部分是直接在岩壁上挖空建成的，就像这条有两个过道的哥特式长廊：其右墙实际上是山的一侧。

跨页图 从湖边看去，城堡景色令人赞叹。萨伏依家族将这一侧的建筑群改造成了讨人喜欢的宫殿。他们会从此处出发去划船，猎取水鸟。

　　1733 年之前，西庸城堡一直是"城堡管家"伯尔尼人的住所，直到它被改造成了一座国家监狱。曾经关押萨伏依家族敌人的牢房被用来监禁那些不被旧政权接受的新革命思想宣传者。1798 年，在法国占领瑞士后，该城堡专门用作武器和军火仓库。（G.G.）

　　古罗马人首先在海岸边的坡尖上建造了具有高度战略意义的前哨站，以守卫山脉和湖泊之间的狭窄通道。确切地说，"西庸路"与圣伯纳德大山口后来被称为意大利之路——即通往意大利的道路，因为几个世纪以来，这里是连接意大利和北欧的唯一通道。11 世纪时，此处新建成一座堡垒。12 世纪，该堡垒被萨伏依伯爵接管，作为他们的住所，并收取通行费。萨伏依伯爵赋予了西庸城堡现有外观：这是一座面向陆地的城堡，也是一座从湖中拔地而起的宫殿。这个独特而有趣的建筑群由大约 25 个不同的建筑组成。卡美拉多米尼卧室、小教堂、大殿和内部庭院都是在萨瓦王朝时期建造的。西庸城堡在莱芒湖（即日内瓦湖）拥有自己的舰队，船只由热那亚的木匠建造。圣哥达山口的通行次数增加标志着意大利之路和西庸城堡作为军事要塞的重要性降低。因此，城堡被用作监狱。西庸城堡是欧洲保存最完好的中世纪城堡之一，收藏着艺术品、古代武器、箱子、挖掘中发现的手工艺品以及家具。城堡里举办了许多短期展览和文化活动。（G.R.）

世界上的城堡

左图　来自日内瓦的新教徒弗朗索瓦·德·博尼瓦尔是该城堡最有名的囚犯：他被锁在这里六年之久。欧仁·德拉克鲁瓦的石版画中描绘了弗朗索瓦在这里的情形。

上页图 萨伏依王朝的纹章装饰在大厅的大壁炉上。粗大的柱子支撑着花格天花板。

左上图 在萨伏依王朝统治的几个世纪里，伯爵们在国务厅会见顾问，大厅上方装饰着华丽的木质天花板。

右上图 一些古代的防御工事被保留了下来，比如这个木质楼梯，是通向弓箭手和弩手用来射箭的射击孔的。

下图 从大厅可以俯瞰水面，房间里陈列着武器、盔甲和巴洛克式家具。萨伏依王朝的套间就在此处。

瑞士

格朗松城堡 *Grandson*

　　格朗松城堡于 11 世纪建造于纳沙泰尔湖畔，以切断海岸公路。城堡属于格朗松家族，是瑞士的显赫家族。格朗松家族的几个孙子分别成为巴塞尔、洛桑、日内瓦、图勒和凡尔登的主教，但 1397 年，奥托在一次司法决斗中被杀，格朗松家族因此消亡。"无敌骑士"奥托追求美丽的凯瑟琳·德贝尔普，她是杰拉尔德·埃斯塔瓦耶的

上页上图 格朗松城堡的高大幕墙上建有优雅的哥特式双悬窗，这些是庄重的大厅外墙区域的窗户，幕墙上还有 5 个带圆锥形屋顶的塔楼，建于 13 世纪到 15 世纪。

上页下图 格朗松城堡的院子几乎被周围的翼楼压扁了。文艺复兴时期增建的居室位于城堡中心位置。

上图 锻铁大门上有复杂的 18 世纪装饰，特色是其中的格朗松家族纹章。

右图 墙壁上只有塔楼顶部的圆锥形屋顶，给建筑带来一种朴素而粗重的观感。

妻子。为了报复，杰拉尔德指控奥托企图毒死萨伏依伯爵阿梅德奥·维利。按照中世纪的习俗，恶行将由上帝审判。两人面临着一场生死之战，他们用一把长矛、两把剑和一把匕首战斗。双方商定，被打败的人除非认罪，否则将失去双手：奥托需承认投毒的罪行，反之杰拉尔德则承认诽谤。奥托在决斗中输了，杰拉尔德命令他认罪。奥托拒绝认罪，伸出双手，杰勒德一击将其双手砍断。

1476 年，格朗松城堡受到勃艮第公爵勇敢者查理率领的庞大军队袭击，他决心征服瑞士人。被围困者大约 800 人，包括妇女、儿童和老人，他们在城堡中坚持了 10 天。第 11 天，公爵的一位特使向被围困者承诺将宽恕他们，他们被说服，最终投降。然而，这些被围困的人一离开城堡，公爵就把他们全部杀死，将其中数百人挂在城堡附近的树上，或者淹死在湖里。这一消息激怒了瑞士联盟军，他们向格朗松城堡进军，与公爵的军队交战，尽管勃艮第士兵的数量是联盟军的两倍，联盟军仍将其击溃。

瑞士人对城堡的攻击非常猛烈，守军迅速投降了。他们把挂在树上的瑞士人尸体拿了下来，随后把勃艮第人的尸体挂在了树上。瑞士人得到了很多战利品，除了大炮、滑膛枪、明火枪、旗帜和丝绸窗帘，瑞士人还抢走了公爵的宝座、金银餐具和 400 个装满珍贵织物的箱子。这些胜利者拿走了查理金库中的所有钱币。在绝望的逃亡中，公爵还丢失了一颗"价值超过一个教区，基督教中最大的钻石之一"的钻石。经过多次转手，这颗宝石被镶嵌在法国国王的王冠上。这场胜利和这些钱财永远改变了瑞士的命运。从那天起，瑞士的山区居民放弃了在田间辛勤工作，选择成为雇佣兵。（G.G.）

从湖边看去，城堡的轮廓无可置疑是锥形的，豪华优雅，塔楼细长而精致。实际上，建筑群的风格相当多样。一道高大的矩形幕墙包围了小城堡和大城堡的住宅区，幕墙长近 200 英尺（约 60.96 米），向南略微呈圆形，有三座巨大的圆塔和两座半圆

形的塔楼。格朗松家族古老堡垒现有的建筑结构是几个世纪以来改造的结果，这一点仅从材料上就可以看出：凝灰岩、欧特里沃的石头和砖石（其技术是从皮埃蒙特进口的）。其家族徽章上有一个铃铛，上面写着生动的格言"小铃铛，大声响"。1875 年，布洛奈男爵买下了城堡，大范围修复了城堡，城堡最重要的修建工作就是在这一时间段完成的。1910 年，建筑师奥托·施密德翻新了城堡东翼。修复后的封建时代住宅配备了 20 世纪所有的最新发明。二战结束后，建筑师冯卡博塔重建了文艺复兴时期的房间、小教堂和地牢。城堡内还有一座汽车博物馆。1983 年，格朗松城堡被关注艺术、文化和历史的苏黎世基金会购买，并在城堡举办了一场古代武器展览，包括关于勃艮第战争的部分。（G.R.）

上页上图 骑士厅里陈列着 15 世纪的漂亮盔甲。这种盔甲类似 1476 年格朗斯之战中被瑞士山民击溃的勃艮第贵族所穿的那种。

上页下图 私人套房中的一个房间已被改造成博物馆，里面装饰着 18 世纪的家具、佛兰德挂毯和狩猎战利品。

右图 餐厅中的大壁炉十分显眼，房间里摆放着 19 世纪制造的"中世纪"家具。

瑞　士

格吕耶尔城堡

下页上图 城堡耸立在村庄上方的山上，村庄基本上保持了中世纪的风貌。主干道上有很多老房子，其中就有宫廷弄臣的家。

下页下图 尽管城堡的大部分建筑在 16 世纪被改造过，但格吕耶尔仍保持了中世纪堡垒的原始布局，圆塔矗立远处，触不可及。

左上图 内部的露天广场比周围的墙壁还高，被改造成了一座 16 世纪意大利风格的花园。

上图 在这扇 16 世纪的彩色玻璃窗上，两个救世主手持带鹤纹章，这是格吕耶尔伯爵的标志。

　　法语国家里曾经有无数个格吕耶尔。事实上，格吕耶尔一词是指鹤科鸟类在斯堪的纳维亚半岛和非洲往返迁徙时，每年会停留两次的林地和沼泽地带。在中世纪，狩猎是贵族间流行的消遣方式，这些鹤由直接向国王负责的高大守卫保护。然而，世界上最著名的格吕耶尔在瑞士的弗里堡州。该地区不仅因其精致的奶酪而闻名，而且还因其伯爵的事迹而出名，伯爵们在格吕耶尔建造了一座城堡，至今仍基本保持原样。这座城堡建于 13 世纪。此时，格吕耶尔家族——他们最初是神圣罗马帝国的臣民，后来是萨瓦王朝的封臣，成为著名的强大家族至少有 200 年的时间了。城堡的大部分建筑在 16 世纪被重新改造过。然而，刚完成城堡的装饰改造，格吕耶尔伯爵的王朝就悲惨地衰落了。

　　格吕耶尔的最后一位伯爵米克尔由法国国王弗兰西斯一世宫廷和查理五世皇室抚养长大，在 1538 年背上了家族的债务。他的前辈们多年来挥霍无度，积累起了惊人的

左上图和右上图 骑士厅里，格吕耶尔鹤和优雅的花环装饰着花格天花板上的嵌板。这里是城堡中最迷人的房间，由日内瓦画家博维于19世纪中期按照当时流行的新哥特风格装饰。

左下图 博维的画板讲述了瑞士历史上涉及格吕耶尔伯爵的事件。这幅画描绘了鲁道夫三世伯爵攻占休伊城堡的情景。

右下图 这是格吕耶尔家族传奇的另一个篇章：伯爵四世双手挥舞着沉重的阔剑，击溃了伯尔尼军队，此画由波维创作，摆放在骑士厅中。

债务。15年里，米克尔伯爵勉强维持收支，但在1554年，他终于选择召集诸侯，乞求他们帮助自己平衡预算，准备通过这一方式解决债务问题。作为交换，他承诺取消自己所有的封建权利。他的臣民同意了，但出于某种原因，伯爵当晚就逃走了，再也没有回到格吕耶尔城堡。米克尔的财产被伯尔尼和弗里堡两座城市瓜分，这两座城市解决了他的债务问题。弗里堡在此处设置了城堡管理人。19世纪，格吕耶尔城堡的一部分被改造成监狱，其余部分则成了地方行政长官的办公室。从1848年开始，分多个阶段修复城堡。（G.G.）

城堡最初建在岩石山嘴附近，只是一座有13英尺（约3.96米）厚的外墙的巨大堡垒。1270年，城堡东南角建造了一座圆塔。14世纪时，外墙加高，城堡中还建造了一座城楼和两座贝壳状的塔楼，用于城堡侧面防御，其中一座塔楼里还建有小教堂。15世纪，为满足防御需要，城堡

上图 骑士厅于 19 世纪中期建成。房间
的窗户用于采光，天花板用花格板装饰，
房间内嵌有大型彩绘板，并摆放了哥特
式家具。

右图 两名格吕耶尔家族成员身后跟随着举
着贵族家族旗帜的随从，他们即将参与十
字军东征。一群少女向他们告别，其中一
位妇女在马匹附近晕倒了。这幅画由博维
绘制在骑士厅里的墙壁上。

下页图 两个多世纪以来，弗里堡的管家们一直住在城堡里，以巴洛克风格装修的管家厅体现出他们在城堡中的影响力。

左上图 骑士厅里，文艺复兴时期的家具包括佛兰德挂毯，上面有力士参孙的生活片段，还有一张天篷床和一个大壁炉。

左下图 19世纪，博维家族修复城堡，并委托让·巴蒂斯特·卡米耶·科罗和巴泰勒米·梅恩等画家创作迷人的风景画。

右下图 15世纪末，格吕耶尔伯爵家族的历史进入了辉煌的阶段。路易伯爵在瑞士勃艮第战争中作为同盟者的盟友参战，决定对城堡进行现代化改造，小教堂也是在这一时期建成的。城堡被改造成了贵族住宅，失去了原来的堡垒式外观。

进行了改造，沿着山顶建了一条巡查道，连接不同的塔楼，包括方塔和萨伏依塔，并一直延伸到山下的城镇。1490年前后，城堡按照文艺复兴风格翻修。1848年，博维家族将其买下，城堡免于被拆除。城堡的新主人是一群艺术爱好者（丹尼尔·博维曾跟随安格尔学习），他们修复了城堡，恢复其往日辉煌。事实上，格吕耶尔城堡现在是瑞士参观人数较多的城堡，仅次于西庸城堡。格吕耶尔城堡内有一座建于1480年的精致小教堂，内部有典型浮夸哥特式的拱肋，还有勃艮第大厅，里边摆放着莫拉战役（1476年）的物品，三件极为罕见、价值连城的金羊毛骑士团的仪仗斗篷。博维家族还用描绘格吕耶尔伯爵的事迹传说的画作装饰骑士厅，并在许多房间里布置了重要的艺术品。伯爵厅有四幅佛兰德挂毯，管家厅的墙壁上装饰着巴洛克风格的作品，主厅里有四幅柯罗的风景画。（G.R.）

费尼斯城堡

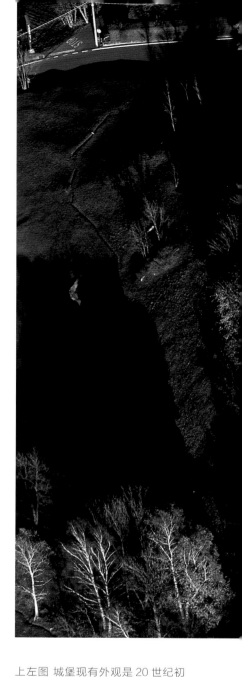

　　当游客从奥斯塔沿着多拉河谷向皮埃蒙特大区走去时，一座深色的错综复杂的建筑就会出现在眼前。走近一看，一座由幕墙、塔楼、箭塔、巡查道和角楼组成的迷宫，坐落在可俯瞰谷底的风景如画的小高地上。这是费尼斯城堡，是查兰特家族拥有的众多城堡之一，该家族在奥斯塔县拥有极大权势。艾蒙·迪·查兰特是萨伏依王朝的领导人物，大约在1340年开始建造费尼斯城堡，其子博尼法乔在这个世纪末完成城堡建造。因此，费尼斯城堡成为该家族的固定住所，并一直延续到18世纪初。1895年，中世纪研究家、建筑师阿尔弗雷多·安德拉德购买了城堡。他大范围地修复了城堡，然后将其移交给意大利政府。1935—1936年，城堡得到了更加科学的修复。

　　费尼斯城堡的外观让人想起中世纪的封建社会，有骑士和少女，小丑和吟游诗人。然而，城堡内部有漂亮的生活区，这是15世纪建筑从堡垒到贵族住宅过渡的突出例子。这种笼罩在强大军事建筑上的宫廷文明的光辉，在贾科莫·贾奎里奥和他的工作室创

上左图 城堡现有外观是20世纪初至20世纪30年代修复的结果，此次修复的目的是拆毁15世纪后的改造建筑，并重建其中世纪的外观。

上右图 古朴的圆塔结构紧凑，几乎没有开口，耸立在外墙的城垛之上，俯瞰着整座城镇。

上图 双排墙围绕着生动的中央建筑，平面呈五边形，两侧是不同大小的向前突出的塔楼。

左图 中间的大方形塔楼是最初的建筑，查兰特的领主们随后在其周围增建了越来越大的建筑。

跨页图 在内部庭院里，有一个半圆形的楼梯，上面装饰着圣乔治杀死恶龙并解救公主内容的壁画。楼梯通向一个优雅的凉廊，凉廊装饰着15世纪皮埃蒙特画家贾科莫·贾奎里奥的画作。

上图 在这幅由贾科莫·贾奎里奥于1425—1430年在城堡小教堂创作的壁画中，天使长圣米迦勒身穿盔甲，身披优雅的斗篷，镇压了撒旦。

下页右上图 在装饰庭院墙壁的15世纪无名壁画中，有一幅画的是一群忧郁的平民给两位仁慈的主教乌贝托和格拉托送去祭品和请愿书。

下页右下图 小教堂里的壁画是贾科莫·贾奎里奥的杰作之一。不幸的是，这位艺术家现存的作品很少。图中是他的作品《耶稣受难图》。

作的小教堂和庭院壁画中最为明显，体现了国际哥特主义风格的优雅线条。（G.G.）

　　在罗马时代，一座古老的塔楼可能守护着此处的黄铁矿。城堡围绕着塔楼发展，是萨伏依统治者建造的防御系统的一部分。早期建筑结构的遗迹是方形塔楼，是城堡的中心部分。费尼斯城堡位于草丘上，俯瞰着村庄，有三层坚固的城墙和众多的塔楼，构成一个五角形。在方形内院的尽头，有一个巨大而优雅的半圆形楼梯，上面有圣乔治的壁画，楼梯通向一个带凉廊的双廊，上面装饰着贾科莫·贾奎里奥在15世纪上半叶完成的壁画。城堡内的小教堂非常宏伟，内有贾奎里奥的壁画（1425—1430年创作），分别是《耶稣受难图》《仁慈圣母图》《施洗者圣约翰》和《天使长米迦勒》。1936年修复后，该建筑群被改建为奥斯塔山谷家具博物馆，收藏了15—17世纪的家具和物品。（G.R.）

意大利
伊索涅城堡

韦雷斯是多拉河谷中的一座小镇，保持着整洁的中世纪风貌，小镇中最显眼的是一座堡垒，结构庞大而紧凑，被认为是奥斯塔军事建筑的典范之一。韦雷斯城堡附近的伊索涅城堡则是一座结合了哥特式和文艺复兴式元素的贵族住宅典范。韦雷斯城堡和伊索涅城堡都属于沙朗家族。韦雷斯城堡建于 1360 年至 1390 年间，但幕墙是在 15

跨页图 乔治·迪·沙朗在 15 世纪末建造了伊索涅城堡。他想建造一座优雅的文艺复兴时期风格的宫殿，用当时在意大利北部盛行的新风格装饰布置宫殿。锻铁石榴树喷泉是城堡中最令人赞叹的部分。

下图 一楼有一个通风的凉廊，可以俯瞰庭院，庭院的拱门由厚实的北欧风格柱子支撑。内部立面画着漂亮的壁画，描绘了沙朗家族的事迹。

世纪建造的。伊索涅城堡则是由乔治·迪·沙朗建造的，他是一位神职人员，也是人文主义者，有着躁动的灵魂，曾在欧洲各地旅行。他于 1480 年开始建造这座城堡，将其布置得十分奢华，城堡被认为是"萨伏依最高贵的宫殿"。19 世纪末，维托里奥·阿冯多买下伊索涅城堡，修复城堡的同时添置了一批家具和艺术品，重新营造 15 世纪的氛围。1907 年，阿冯多将城堡捐赠给意大利政府，政府于 1935 年到 1936 年完成了修复工作。

城堡的平面结构和砖石结构的布局采用了文艺复兴时期的风格，但装饰采用了晚期哥特风格，漂亮的庭院里有栩栩如生的壁画，画中是沙朗家族的纹章，以及家族中杰出代表的英勇事迹。这些作品的目的是教育后人，墙上褪色的铭文告诉人们，这些壁画的作用是成为"沙朗家族孩童的镜子"。门廊的壁画非常有名，是一位匿名画家的

Issogne

上页上图 药剂师准备药方时，他的仆人为一位前来买药的贵妇人称量药材，这个 15 世纪的药店看起来存货非常充足。

上页下图 内院门廊下的壁画描绘了 15 世纪末城堡中的日常生活场景，是伊索涅城堡现存作品中最有活力、最引人入胜的一幅。

右上图 乔治·迪·沙朗房间的壁炉上有他的纹章——上面有一只狮鹫和一只狮子，装饰着 16 世纪的壁画，并配有仿哥特式家具。

右下图 法兰西国王厅因一位法国君主在多次入侵意大利时使用了这里而得名。在他居住期间，花格天花板用淡蓝色背景的金色百合花装饰，这是法国王室的标志。

作品，描绘了日常生活的场景：有面包店、裁缝店、肉铺、市场和警卫队。（G.G.）

从外部看，城堡除了塔形烟囱没有任何显著的特征，只是一座巨大的建筑。内部中心有一座小院子，这是奥斯塔山谷中唯一一座有花园的城堡。附近的塔楼用于驯养猎鹰。城堡将两种风格和谐地融合起来：意大利文艺复兴时期风格和北方文艺复兴时期风格（低矮的拱门、凉廊和窗户受到了勃艮第的影响）。壮观的锻铁石榴树喷泉（最初喷刷了鲜艳的颜色），是铁匠潘塔莱奥内·德·拉拉扎和尼古拉斯·朗贝特的作品，在庭院中央十分显眼。在这座奥斯塔山谷保存最完好的城堡中的华丽的房间里有意想不到的中世纪艺术珍品：壁画、木板、家具、走廊墙壁上奇特的涂鸦文字、带有木祭坛的小教堂（勃艮第式杰作）以及著名的法兰西国王厅。该厅有精美的花格天花板，板面淡蓝色的背景上装饰着镀金的百合花。（G.R.）

意大利
博恩孔西利奥城堡

在中世纪，特伦托市在阿迪杰河谷具有重要的战略地位，控制着神圣罗马帝国的两个部分——意大利和德意志之间最重要的道路。为了确保这条通道不会落到敌人手中，皇帝康拉德二世（1024—1039 年在位）于 1027 年创建了特伦托教会公国，将其委托给一位主教。当时，这些被授予世俗权力的教长居住在大教堂附近的卡斯特

莱托城堡中。然而，在13世纪中叶，他们决定建造一个更宏伟、更容易防御的住所。因此，他们建造了卡斯特罗维奇欧城楼——博恩孔西利奥城堡最古老的部分。这使他们能够对付受其欺压居民的反抗，同时也能保卫城市不被蒂罗尔伯爵占领。然而，在1407年，要塞无法抵御当地居民的暴动，人们占领了城堡，并将专制残暴的主教——列支敦士登的乔治囚禁在阿迪杰河的万加塔。继任主教对臣民更仁慈，显然吸取了教训。

1475年，约翰内斯四世·辛德巴赫改造了城堡，增建了威尼斯－哥特风格的楼层。然而，伟大的王子主教，克莱斯的贝尔纳德，将城堡改造成文艺复兴风格的华丽住宅。他在1528—1536年建造了大宫殿，并召集了著名的意大利艺术家，

上图 气势恢宏的大塔，也被称为奥古斯特塔，因为它一直以来被认为是罗马时代的产物，不过这并不正确。奥古斯特塔耸立在下部建筑的垛口之上。

跨页图 城堡宏伟的建筑，包括一些塔楼，紧邻特伦托的旧城墙，然而，城堡也有自己的城墙，上面有圆形的堡垒，向城镇延伸。

右上图 建筑物和防御城墙之间是一座广阔的花园，花园经过修复后重现了18世纪末的面貌。

右下图 卡斯特罗维奇欧城楼在不同楼层靠近庭院的地方都建造了凉廊，风景如画。对面墙上的壁画描绘的是查理大帝和特伦托的主教们，由福戈里诺于16世纪初完成。

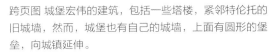

左图 在大宫殿文艺复兴时期风格的翼楼里，吉罗拉莫－罗曼尼，也就是众所周知的罗马尼诺，为大型五拱廊绘制了壁画。穹顶上的壁画画的是四轮轻便战车。

上图 凉亭天窗上的壁画描绘了衣着优雅的贵族和女士们正在演奏不同的乐器。

下页上图 从凉廊可以俯瞰狮子院，墙壁上装饰着四个石膏勋章，雕刻的是哈布斯堡的四位统治者的形象：马克西米利安一世、公正王腓力四世、查理五世和斐迪南一世。

下页左下图 半月壁上画着四个富有魅力的长笛演奏者，他们似乎正沉浸在音乐中。此画由罗马尼诺创作。

下页右下图 除了宫廷人物，罗马尼诺在中庭的壁画还描绘了神话、《圣经》和罗马历史人物。

将其改造成极其优雅和奢华的宫殿。他的继任者克里斯托弗·马德鲁佐开启了城堡的黄金时代，当时该城市召开了普世基督教会议，起草天主教会对新教改革的回应。特伦托委员会从 1545 年到 1562 年断断续续地召开。另外三位马德鲁佐主教一直统治这个公国，一直持续到 1658 年。最后一位主教卡洛·埃马努埃莱的情妇克劳迪娅·帕尔蒂拉，是贝尼托·墨索里尼年轻时创作的小说中的主人公。17 世纪新建的琼塔·阿尔贝蒂纳楼连接着卡斯特罗维奇欧城楼和大宫殿。

1796 年 5 月，拿破仑指挥法国军队不断前进，最后一位主教从此处逃离，教会公国走到了尽头。奥地利接管了特伦托，博恩孔西利奥城堡被改建为兵营。1918 年以后，城堡得到修复，现在是特伦蒂诺国家博物馆和复兴运动博物馆所在地。（G.G.）

在阿尔布雷希特·丢勒的画作中，城堡实际上是一系列建筑的结合体。其中最值得注意的是阿奎拉塔，它是一座位于特伦托城门上的古老防御塔，内部有列支敦士登的乔治主教（1390—1419 年任职）委托创作的壁画，包括《十二个月》和《田野劳作》。克莱斯的贝尔纳德建造的幕墙就在塔楼的对面。通过钻石门可以进入城堡，之所以被

称为钻石门，是因为有大块的直棱琢石镶嵌在周围。城堡内有三座短塔，钻石门位于其中一座短塔旁，从短塔可以俯瞰文艺复兴时期的花园，这里曾经摆满了古代雕像。许多建筑师都曾参与过博恩孔西利奥城堡的建造，但其中许多人的名字仍然不为人知，与那些被委托装饰房间的艺术家相比黯然失色。那些知名艺术家：画家多索·多西、罗马尼诺和福戈里诺、雕塑家阿莱西奥·隆吉和沃尔泰拉雕塑家扎卡里亚·扎基，扎基制作了城堡中的赤陶制品。尽管建有三层凉廊，还有绘画装饰，城堡看起来仍然很朴素，1686—1688 年建造的第三座主楼，即琼塔·阿尔贝蒂纳楼，使城堡整体看起来很庄重。中间优雅的威尼斯式凉廊让人想起威尼斯的焦瓦内利宫。博恩孔西利奥城堡现在是一座博物馆。（G.R.）

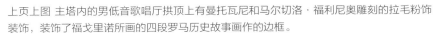

左图 司法厅嵌有木质壁板，天花板上有漂亮的壁画。用拉毛粉饰装饰的三角孔隙框住了绘有风景画的半月壁。

下图 哥特式的卡斯特罗维奇欧城楼周围建有城墙，楼内有漂亮的威尼斯风格凉廊，向前凸出的墙壁上装饰着两个王子主教的纹章。

上页上图 主塔内的男低音歌唱厅拱顶上有曼托瓦尼和马尔切洛·福利尼奥雕刻的拉毛粉饰装饰，装饰了福戈里诺所画的四段罗马历史故事画作的边框。

上页下图 福戈里诺在男低音歌唱厅天花板周围三角形间隔和椭圆空隙中绘制了一系列寓言人物形象和来自希腊和罗马神话中的奇异生物。

左上图 王子主教列支敦士登的乔治设计了鹰塔的装潢。描绘 12 个月景象的壁画被认为是波希米亚画家文策斯拉斯的作品。在这幅描绘 12 月的壁画中，樵夫们正在砍伐木材并将其运进城市。

右上图 9 月壁画的上半部分描绘了农民耕地的情景。底部，骑马的贵族和夫人们带着猎鹰出发去打猎。

跨页图 壁画中绘制了在 7 月（左）和 8 月（右）的景象，画中的人物正在割草和收割粮食。然而，有一位男士也趁着美好的天气向一位年轻女士求爱。

左下图 画中 10 月的主题是采摘收获和榨葡萄汁。背景中的岩石景观很不寻常。

右下图 5 月是爱之月：一群人开心地离开了武装防御的城市，前往乡下，轻松地交谈，享受着美味的午餐。

贝塞诺城堡

左下图 为了使这座重要的堡垒适应火炮发明后军事技术的进步，城堡扩建和改建后有了现存的复杂结构。

下页上图 贝塞诺城堡处于拉加里纳山谷的核心位置，控制着阿迪杰河谷和维琴察之间的道路，城堡是山谷中的领主卡斯特巴尔克家族的权力中心。

下页下图 照片体现了城堡是由多座建筑组合而成的：一座宽而深的拱门上却建造了朴素的乡村建筑，二者毫不协调。

贝塞诺城堡的堡垒和炮台占据了整个山顶，面积达 4 英亩（约 1.6 公顷），是特伦蒂诺最大的防御建筑群。城堡建在罗韦雷托和特伦托之间的拉加里纳山谷中间，位于前往维琴察的道路上通向阿迪杰河谷的分岔处。城堡为了控制这个重要道路的交叉点而建于此处。该城堡在记录中首次出现的时间是在 1171 年，归卡斯特巴尔克家族所有，该家族与维罗纳结盟，统治山谷。卡斯特巴尔克家族可能使用了 1166 年被摧毁的敌方城堡的碎石建造城堡，以阻止腓特烈·巴巴罗萨的帝国军队通过此处。

一个世纪后，卡斯特巴尔克家族分裂成五个分支，其中一支拥有贝塞诺城堡的所有权。后来古列尔莫·达卡斯特巴尔克是维罗纳的市长，他将分裂的领地重新统一。一直以来都有传说，他在所拥有的众多城堡之一——利扎纳城堡接待了但丁，但未经证实。然而，在古列尔莫去世后，卡斯特巴尔克家族的财产再次被八个分支家族分割。威尼斯共和国急于吞并特伦托，利用卡斯特巴尔克家族这一弱点，在 14 世纪初成功占领了拉加里纳山谷和部分城堡，包括贝塞诺城堡。1470 年，威尼斯人失去了贝塞诺城堡的管控权，城堡由特拉普家族接管，但逐渐沦为废墟。（G.G.）

特伦托最后一座抵抗威尼斯攻击的帝国主教堡垒成为废墟，令人唏嘘。堡垒建有两层城墙，城墙环绕堡垒形成大椭圆状（其长轴尺寸为 820 英尺［约 249.94 米］）。贝

塞诺城堡是从城堡改建成要塞、从要塞过渡到堡垒的最佳范例，表明火炮发明后的防御方式。简而言之，它代表了整个意大利的城堡变化。因此，老卡斯特巴尔克城堡上的塔楼被拆掉，城墙高度降低（因为攻击者不再攀登幕墙，而是等待突破口打开）。同样，城堡的防护墙也被城垛和又长又低的胸墙所取代。同时，为方便侧翼火力攻击，城堡还建造了枪洞。贝塞诺城堡庄严雄伟，反映出城堡主人社会地位很高，城堡里许多房间都有值得关注的壁画，创作于 15 世纪到 17 世纪。（G.R.）

图恩城堡 *Castel Thun*

下图 特伦蒂诺令人惊叹的据点之一是一座外墙上有突出塔楼的巨大长方形宫殿，坐落于图恩的防御建筑群中间。

诺恩河谷被认为是特伦蒂诺最美丽的山谷之一。该地区因苹果闻名，除此之外，山谷中还坐落着很多城堡：足足有 25 座。然而，这些只是在反复的破坏、攻击中幸存下来的城堡，因为山谷里的人们曾多次反抗特伦托王子主教（当地的封建主）和当地贵族，因为他们在当地犯下了贪污行径。在 1407 年和 1477 年的起义之后，尤其是 1525 年的乡村战争（路德教派发起的农民起义）之后，有许多城堡被夷为平地。另一方面，山谷中的贵族家族（其中一些与特伦托主教结盟，另一些则与他的对手季罗尔伯爵结盟）之间也经常发生战争，他们互相攻击对方的城堡，将其拆毁。图

左图 这座始建于 1569 年的宫殿，是特伦托在风格主义时期绝妙的贵族住宅典范，当时在意大利流行的风格元素也在这里出现。

右图 1668 年，西吉斯蒙多·阿方索·图恩当选特伦托的王子主教，他对城堡进行了装饰，将城堡改造成了他最喜欢的避暑胜地。城市太过炎热，西吉斯蒙多长期住在图恩城堡避暑。

恩家族（或者叫托诺家族）在这些好战的山地贵族中脱颖而出，在混乱的时代几乎毫发无损，直到 18 世纪仍大权在握。图恩城堡的历史可以追溯到 13 世纪，但在 1569 年，城堡被改造成了贵族住宅。城堡庞大的建筑群建在一座孤立的山顶上，周围有四道堡垒城墙于 1925 年得到修复。（G.G.）

　　就其总体布局而言，图恩城堡是该地区较大的城堡（城堡中有 150 个房间，其中一个房间只用于守灵）。城堡归图恩家族所有，该家族实力强大，统治着诺恩河谷和阳光山谷。该家族还拥有布拉格堡垒、卡尔德斯堡垒和卡斯泰尔丰多堡垒，以及从托纳莱山口到特伦托的领土。图恩城堡被认为是特伦蒂诺有趣的防御建筑，整体以哥特式为主。城堡被复杂的防御工事所包围，包括塔楼、月牙形的堡垒、护城河、巡查道和一扇气势磅礴的大门，被称为"西班牙水门"（建于 1566 年），该大门由巨大的料石制成，位于北部幕墙中间。中央防御工事呈四边形，有坚固的堤垒和四座塔楼。在护城河的另一边有另一堵墙（墙上有喇叭口射击孔），还有两座中世纪建造的垛口塔。奇怪的是，这些塔楼并没有建在墙角，而是建在外墙中间。凉廊面朝南方（山区城堡的惯例），内部庭院外观优雅。城堡经过多次改造，最终在 1668 年，被图恩家族一名成为王子主教的成员改造成豪华的郊区住宅。（G.R.）

意大利
蒙特城堡

左下图 施瓦本的腓特烈二世热衷于猎鹰（撰写了论文《猎鹰术》），他将蒙特城堡建在普利亚的高原上，那里是候鸟迁徙会经过的地方。这是19世纪艺术家绘制的腓特烈二世的画像。

　　蒙特城堡结构紧凑，构造坚硬，建在穆尔杰高原的最高点上，俯瞰普利亚和巴西利卡塔的大部分地区，无疑是意大利13世纪最引人注目的军事建筑。城堡由温暖的金色石头砌成，是意大利南部最早也是最纯粹的哥特式建筑之一。城堡由神圣罗马帝国皇帝腓特烈二世（1220—1250年在位）建造，他的父亲是施瓦本人，母亲是诺曼－西西里人。他拥有卓越的文化素养，熟练掌握包括阿拉伯语在内的各种语言，敏锐而智慧，又不乏世俗的眼光，因此他有着"人间奇才"的美誉，并且他确实是一个领先于时代的人。据说，他本人就是这座建于1240年到1250年间[1]的城堡的建筑师。然而，腓特烈建造蒙特城堡不只是出于军事目的。他是一个热衷于猎鹰的人（甚至曾用拉丁文写了一篇关于这个主题的学术论文），决定在此处建造堡垒是因为鸟类每年在迁徙中会穿越这里。除了作为狩猎行宫，这座美丽的城堡还用来举行盛大的庆祝活动，例如，1249年，城堡举办了皇帝的私生女维奥兰特的婚礼。然而，施瓦本王朝倒台后，城堡用来囚禁腓特烈的孙辈，即他儿子曼弗雷迪的孩子，曼弗雷迪在贝内文托战役中被杀。

1　《中国大百科全书》认为，该城堡始建于1229年，建成于1240年。——译者注

右图 城堡布局呈标准八角形，八座八角形的塔楼向外部凸出。城堡分为两层，上层的窗户是双开尖窗，下层的窗户是单开尖窗。

跨页图 蒙特城堡的几何结构令人印象深刻，它像一座岩石岛一样耸立在森林和乡村之上。村庄沿着山坡一路向下排列，似乎是为了避免干扰堡垒的孤独神圣之感。

在随后的几个世纪里，城堡举办了那不勒斯王室的婚礼，但也被用来关押王室敌人。后来城堡废弃，无人看守，17世纪，那些瘟疫中逃离普利亚城市的人居住在这里。18世纪，城堡内的大理石雕塑被洗劫一空。蒙特城堡变成了空壳，被牧羊人当作抵御恶劣天气的庇护所，也被土匪当成基地和藏身之处。1876年，意大利政府接管了蒙特城堡，城堡得到全面修复。（G.G.）

人们对这座八角形建筑的天文和占星学象征意义进行了数以千计（或是数以百计）的研究。城堡四角有八座八角形的塔，两层楼各有八个房间，还有一座八角形的院子。在中世纪时期，几何与魔法紧密联系，在建造任何地基之前，都会由占星术家观察天象。普利亚的八角形建筑群就是天文学和神学交织的产物：这种平衡和比例之间微妙的相互影响是精确的数学与几何学计算的结果。例如，屋顶内缘投射在院子里的影子长度是根据季节和黄道十二宫确定的。

蒙特城堡面积并不大，其最长的对角线只有183英尺（约55.78米）。城堡的入口面向东方，由珍贵的大理石制成，上方有一座尖尖的哥特式拱门，在所有的建筑手册中都引用了这一建筑。城堡内部最突出的是带有科林斯式柱头的角柱。塔楼的特点是建有所谓的"伞状"拱顶，或者说是分为六个部分的肋状天花板，类似于天篷。如果同巨大的房间相比，哥特式的三叶形拱门的双开窗就显得很小了。城堡没有任何防御装置：没有吊桥、外部幕墙、护城河、垛口和射孔。尽管如此，城堡在当时非常现代化，内部甚至有浴室和复杂的管道系统。房间里曾经用珍贵的多色大理石、马赛克拼花图案和绘画来装饰，但现在只剩下门窗上的深红色帝国大理石碎片了。（G.R.）

上图 院子中间的雨水排水口是精心设计的复杂管道系统中的关键部分，是当时非常领先的技术。这一排水口可能是由皇帝的西西里－阿拉伯工人建造的，他们在这方面有很高的造诣。

下图 不幸的是，城堡所有的内部装饰（多色大理石、马赛克拼花图案和壁画）都已经消失了，城堡在废弃的几个世纪里，遭到破坏和洗劫。宏伟的哥特式拱顶现已完全裸露，这是内部装饰中唯一留下的部分。

上页图 城堡不同寻常的建筑结构引起了一系列神秘的解读。这种解读可能来自一位中世纪的神秘学学者，他一直陪伴着这座帝国城堡的建造者，据说还亲自设计了这座城堡。

跨页图 米拉马雷城堡并不是一座真正的城堡，更像是一座乡村庄园。城堡建在凸向里雅斯特湾的小海角上，是一个热爱自然的梦想家的家。

右图和下页上图 雕像、头像石柱、花瓶和纪念柱点缀着意大利式花园，这是城堡周围占地 55 英亩（约 23 公顷）的公园的一部分。

下页右下图 这座白色的建筑嵌在蓝宝石般的大海和繁茂的草场之间，十分优雅。该建筑由建筑师容克建造，采用了当时被称为"诺曼式"的伪中世纪风格，尽管建筑中几乎没有中世纪或诺曼风格元素。

意大利 ═══════════════

米拉马雷城堡

Miramare

　　1854 年，弗朗茨·约瑟夫皇帝（1830—1916 年）的弟弟，即哈布斯堡的马克西米利安被任命为奥地利海军总司令。这位 22 岁的金发上将十分热爱这一职位，于是迅速而理智地着手履职，搬到了的里雅斯特。他喜欢这个庄严的帝国港口城市，1856 年，他开始在附近建造米拉马雷城堡。这座位于阿德里亚河畔的白色城堡是由建筑师卡洛·容克设计的，采用了当时被称为"诺曼式"的伪中世纪风格。米拉马雷城堡成为马克西米利安最喜欢的住所，即使在被任命为伦巴第 – 威尼托王国的总督之后，他仍然和他的妻子——比利时国王利奥波德的女儿夏洛特居住在此处。1864 年，他在米拉马雷城堡接待了一个墨西哥贵族代表团，他们邀请马克西米利安统治因内战而四分五裂的国家。前一天，就在这间房间里，他正式宣布放弃对哈布斯堡帝国的继承权，并最后一次拥抱了他的兄弟弗朗茨·约瑟夫。几天后，马克西米利安和夏洛特从米拉马雷城堡登船，墨西哥国旗在城堡未完工的塔楼上飘扬，一大群的里雅斯特人向他们告别。

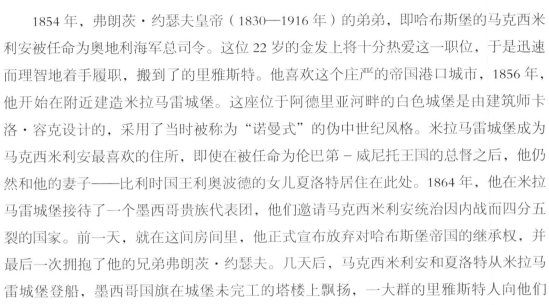

上图 镶嵌在壁龛中的大公夫人画像是夏洛特房间的亮点，以马克西米利安的不幸的妻子命名。在这对夫妇开始他们悲惨的墨西哥之旅前，她在这里度过了生命中最后的快乐时光。

上图 主卧室的装饰采用了 19 世纪典型的夸张风格，房间内有一张巨大的天篷床和一盏耀眼的波希米亚水晶吊灯。

马克西米利安和妻子不合时宜的帝国冒险最终在 1867 年悲惨收尾。马克西米利安被墨西哥革命者抓获，送到行刑队前。夏洛特回到欧洲寻求军事援助，但所有政府都不能或者不愿意提供援助，因此她精神失常。事实上，承诺过支持马克西米利安、说服他继续追求梦想的拿破仑三世皇帝已经撤走了法国军队。夏洛特几近疯狂，回到了米拉马雷城堡，不断有来自墨西哥的糟糕消息传来，最终把她逼疯。她从未被告知丈夫的死讯，几个月后，夏洛特的父亲把她带回比利时，让她住在拉肯城堡。她在拉肯城堡生活了半个世纪，于 86 岁去世，其间精神从未恢复正常，每年春天，她都会让人在护城河上准备一艘船，上船后宣布："我们要去墨西哥了！"笼罩在悲剧光环下的米拉马雷城堡一直被废弃，直到第一次世界大战后哈布斯堡王朝灭亡，米拉马雷城堡成为奥斯塔公爵的住所。现在城堡是一座历史博物馆。（G.G.）

城堡使用来自奥塞拉采石场的白色伊斯特拉石料建造，这些石料一直供应给威尼斯，时间长达 1000 年。城堡有两层楼和一个夹层，还有一座俯瞰大海的垛口塔。按照马克西米利安的要求，城堡的周围环境与郁郁葱葱的自然环境和海景融为一体。城堡周围的公园占地近 55 英亩（约 22 公顷）。内部装饰是由来自的里雅斯特的木工弗朗茨·霍夫曼

上图 与马克西米利安和夏洛特相关的欧洲皇室成员画像挂在觐见厅，这里也是主卧室的接待室（图片中可以通过房门看到床）。

右图 在米拉马雷城堡的码头上，夏洛特正欢迎她的姐娌——奥地利的伊丽莎白，即弗朗茨·约瑟夫皇帝的妻子。皇帝正踏上楼梯，走向他的弟弟马克西米利安，后者头上没有佩戴王冠。这艘游艇上悬挂着英国国旗，因为这是维多利亚女王借给伊丽莎白的。

跨页图 这张照片中的正义大厅是米拉马雷城堡最奢华的房间之一，有点拜占庭风格。

下图 在马克西米利安加冕为墨西哥皇帝之后，该大厅被称为"王座厅"，画有肖像的家谱再现了奥地利家族的宗谱。

和镀金匠尤利乌斯·霍夫曼设计的。他们按照马克西米利安的要求，采用古老的英国风格制作了橡木天花板和镶板，甚至还再现了诺瓦拉号船尾的军官起居室。城堡有 20 多个房间，仍然保留着宝贵的原始家具和艺术品（包括卡菲、居尔利特和戴尔·阿奎的画作）。据说觐见厅、装饰华丽的图书馆和用黎巴嫩雪松装饰的小教堂是的里雅斯特的希腊人送给马克西米利安的，非常漂亮。（G.R.）

右上图 镶有黎巴嫩雪松的小教堂，杂糅了多种奇怪的、不协调的风格。小教堂是由的里雅斯特的希腊人送给马克西米利安的。

右下图 一个摆满了精美的皮面装帧书籍的图书馆是任何贵族住宅都应当有的房间，马克西米利安恰好热爱读书，非常喜欢历史学。

左上图 这幅肖像由扎内托·布加托绘制，画的是 1466 年至 1476 年的米兰公爵加莱亚佐·马里亚·斯福尔扎。加莱亚佐开始将城堡改造成豪华的王侯居所，增建了住宅部分。

左下图 斯福尔扎家族采用的维斯孔蒂蛇形图案与帝国之鹰（米兰是神圣罗马帝国的封地）共同构成了四边形图案。徽章设置在入口拱门上方，上面有弗朗切斯科·斯福尔扎公爵的名字缩写。

意大利 *Castello Sforzesco*

斯福尔扎城堡

　　1368 年，米兰的领主加莱亚佐二世维斯孔蒂建造了一座巨大的城堡。城堡最初被称为焦维亚大门城堡（以城门的名字命名）。强大的堡垒具有双重用途：保护米兰人免受外部敌人的攻击，同时也确保能够防御对王朝有敌意的内部敌人。斯福尔扎城堡最初并没有用作住宅，维斯孔蒂家族的最后一位成

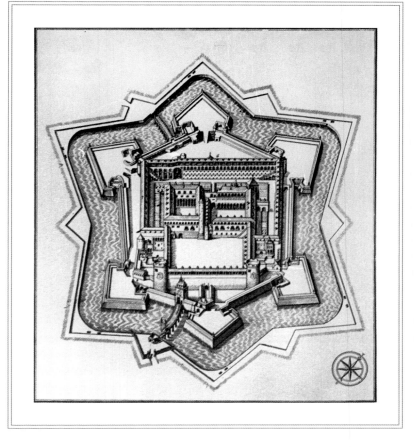

员菲利普·马里亚是唯一一个在城堡中长期居住的人。当他于1447年去世时，市民们宣布成立安布罗西亚共和国，并摧毁了这座象征暴政的堡垒。仅仅三年后，内战导致共和国垮台，米兰的新公爵弗朗切斯科·斯福尔扎开始重建城堡，这就是后来的斯福尔扎城堡。他把这项任务委托给了建筑师乔瓦尼·达拉诺和雅各布·达科尔托纳，还有建造中央塔楼的建筑师菲拉雷特（安东尼奥·迪皮耶罗·阿韦利诺），以及巴尔托洛梅奥·加迪奥利。

公爵在1466年去世，此时城堡主要结构已经建成，继任公爵加莱亚佐·玛利亚增建了住宅部分，包括罗克达塔。卢多维科·莫罗将斯福尔扎城堡建成了意大利最宏伟的贵族住宅。他不仅委托伦巴第最好的艺术家来装饰城堡，还请来了布拉曼特和达·芬奇。城堡里举行的宴会和庆典活动极其奢侈华丽，令宾客吃惊，特别是1489年吉安·加莱亚佐·斯福尔扎和阿拉贡的伊莎贝拉的婚礼，以及两年后卢多维科自己与贝亚特里切·德·埃斯特的婚礼。

跨页图 城堡周围是19世纪取代堡垒墙的椭圆形建筑，城堡和密集的城市之间有一座小公园将二者隔开，这是斯福尔扎家族庞大的狩猎保护区的全部遗迹。

右上图 16世纪，米兰的西班牙统治者翻新了15世纪的建筑群，使其适应新的军事要求，在城堡周围建造了六座堡垒。如这张1646年的地图所示，这些堡垒被一条深深的护城河保护着。

上页上图、上页右下图和右图 在斯福尔扎王朝的多色徽章中，米兰的守护神圣安布罗斯的雕像以祈祷的姿势立在菲拉雷特塔旁，面向市中心。

上页左下图 两座气势恢宏的圆形料石顶塔矗立在巨大的四边形建筑的四角。

但这种辉煌非常短暂，1499 年，法国人入侵米兰，卢多维科逃跑，城堡不战而降。马西米利亚诺·斯福尔扎花了近一年的时间才在 1513 年从法国人手中夺回城堡。仅仅过了两年，法国人再次入侵，马西米利亚诺被迫再次保卫城堡，但很快就不得不投降了。1521 年，城堡被雷电击中，其中一座塔楼的火药库发生爆炸，城堡遭到严重破坏。后来，米兰被西班牙人统治，他们修复了城堡，并在周围建造了城墙和堡垒，包围了这座 15 世纪的建筑，把它变成了坚固的要塞。然而，事实证明这些防御工事并没有用。城堡的历代征服者——从帝国军队到萨伏依、西班牙、奥地利军队，还有拿破仑的军队和俄国人都轻而易举夺取了城堡。虽然拿破仑让人摧毁城堡，但城堡完整无缺地保留了下来。

在滑铁卢战役之后，奥地利人将该城堡作为军队兵营。1848 年，在米兰五日暴动期间，拉德茨基元帅就在此处炮轰了这座叛乱的城市。到了 1880 年，斯福尔扎家曾经令人惊叹的城堡已经破败不堪，被计划拆除。然而，伦巴第历史协会挽救了城堡，并在建筑师卢卡·贝尔特拉米的带领下彻底修复了城堡，重现了部分原貌。（G.G.）

上图 罗克达塔的窗户上装饰着伦巴第地区典型的赤土飞檐。罗克达塔中建有公爵私人套房，但它也是发生攻击时的最后堡垒。

上页图 菲拉雷特塔位于正面墙壁中间，顶部是小垛口塔和雄伟的灯笼塔，这是城堡最壮观的塔楼。

下图 面向庭院的两翼立面有几何装饰，外观十分优雅。

　　这座巨大的城堡是欧洲最大的堡垒之一的遗迹，其平面呈正方形。菲拉雷特塔将城堡较长的正面分割开，向上一直延伸到两座圆形的灰岩塔之间，即圣斯皮里托塔和卡尔米尼塔，其设计目的是通过城堡优雅的外观掩饰其坚不可摧的结构。在堡垒内部，最内侧的避难所罗克达塔和长方形的公爵庭院位于主庭院后方，主庭院里，萨伏依的博纳塔非常显眼，四角是方形的塔楼。城堡里有非同寻常的博物馆，展出了米开朗琪罗的《隆达尼尼的圣殇》、十二幅特里武尔齐奥月份挂毯、班巴亚的加斯东·德富瓦雕像，以及曼特尼亚、洛托、卢伊尼和凡·戴克的绘画等杰作。城堡艺术博物馆的古董乐器收藏是世界上极好的古董乐器收藏之一，还有马约利卡陶器、家具和其他文物收藏。城堡中还有著名的特里武尔齐亚纳图书馆、贝尔塔雷利印刷品收藏、奖章收藏和米兰邮票收藏。（G.R.）

蛋堡

上图 这个拱形地下通道的地面实际上是古岛的基岩，现在与大陆相连。

　　蛋堡建造在一座小岩石岛上，坐落于那不勒斯迷人的地区，城堡通过一条短堤与大陆相连。这座巨大的城堡俯瞰着圣卢西亚港，其黄色的幕墙倒映在海湾中，十分引人注目。富有的罗马贵族卢库勒斯拥有一座宏伟的别墅，其中一部分就建在这座小岛上。罗马帝国灭亡后，一群圣巴西勒修会的修士在废墟上建造了一座修道院。诺曼人利用这一战略位置建造了一座堡垒，腓特烈二世扩建了堡垒，并在周围建造塔楼加固，保护帝国的金库。

　　腓特烈的继任者康拉德四世皇帝（1250—1254 年在位）去世后，安茹的查理占领了那不勒斯，并监禁了康拉德的儿子和继承人康拉丁，于 1268 年将其斩首。他还将康拉德四世同父异母的兄弟曼弗雷德的女儿贝亚特里切公主囚禁在蛋堡。但在 1284 年，西西里－阿拉贡海军上将洛里亚的罗赫尔突袭该城堡，将贝亚特里切公主解救了出来。

　　"蛋堡"这个名字最早起源于 12 世纪，据说是因为城堡的建筑结构呈卵形，或布局类似鸡蛋。然而，根据当地的传说，维吉尔（不仅被公认为是中世纪一位伟大的诗人，也是一位强大的魔法师）在城堡的房间里挂了一个铁笼子。笼子里放了一个双耳细颈陶瓶，里面装着一颗施了魔法的鸡蛋，据说如果这颗蛋碎了，城堡就会被毁灭。的确，在女王乔瓦娜一世（1343—1382 年在位）统治期间发生了灾难，她用另外一个蛋来取代原来的蛋，重建了城堡。王朝战争肆虐，乔瓦娜自己也被囚禁在城堡中。

　　直到第一位安茹王朝（1266—1382 年）统治者的时代，城堡才被用作住宅，但在之后又作为城市的海上防御，完全承担军事用途。蛋堡曾多次遭受围攻和轰炸，1420 年被阿拉贡人征服，1495 年被法国人征服，1503 年被西班牙人征服，西班牙人引爆地雷炸毁了城堡的大部分。后来城堡被重建，1691 年，造就城堡现有外观的建筑师费迪南多·德·格鲁嫩贝格增建了圆形的棱堡，四面环海。1733 年，波旁王朝的查尔斯在夺取那不勒斯前轰炸了城堡。1799 年，帕尔瑟诺佩共和国的爱国者在此避难，躲避圣教军，因此城堡再次受到攻击。19 世纪，蛋堡被改造成了军营。（G.G.）

　　蛋堡的结构既有趣又复杂：是数百年来毁坏和重建、加建和修复的结果。这个细长的建筑群从海滨延伸出来（根据当地的传说，城堡名字源于它的椭圆布局）。一座

上图 经过几个世纪的积累，建筑群结构不断充实紧凑，占据了整个岛屿，对面是那不勒斯歌曲所歌颂的圣卢西亚港口。

左图 蛋堡目前的外观可以追溯到17世纪末，当时该建筑群进行了现代化改造。19世纪，城堡再次重建，被改造成兵营。

巨大的拱门连接着梅加里斯岛的两个部分，向陆一侧的高墙包围着中世纪的建筑、16世纪和17世纪的塔楼、安茹和阿拉贡的木屋、兵营和沿着内部道路排列的炮台。过去40年里，城堡得到修复，重现了其内部房间的庄严外观，包括圆柱大庭和救主教堂。现在，该城堡归意大利文化部所有，被用作展览和会议举办场所。（G.R.）

普利雅玛城堡

Predjama

跨页图 由卢埃格尔家族在 14 世纪建造的第一座城堡没有留下任何遗迹，成了废墟。在原来的位置上新建了一座更加优雅的文艺复兴时期建筑，保持了原有布局。

　　在喀斯特高原上，一座完好无缺的城堡建在一个从 400 英尺（121.92 米）高的悬崖边上凿出的巨大洞穴内，距离神奇的波斯托伊纳溶洞（世界第二大洞穴）只有几英里。

　　当地人把这个巨大的洞称为 Lunkja，即洞穴。14 世纪初，这里建起了一座城堡，

上图 在柯本兹家族的徽章上，对角的帝国之鹰是相同的，徽章画在面向城镇一侧的窗户之间。

卢埃格尔家族于 14 世纪末接管了城堡。1478 年，埃拉泽姆·卢埃格尔继承领地和城堡，但他没有继续效忠于哈布斯堡皇帝腓特烈三世（1440—1493 年在位），而是与匈牙利国王马加什一世科菲努斯（1458—1490 年在位）结盟。作为反击，腓特烈谋杀了埃拉泽姆最好的朋友——骑士安德烈亚斯·鲍姆基尔希纳，而埃拉泽姆则杀死了皇帝的一个亲属，为安德烈亚斯报仇。埃拉泽姆被捕入狱，但他成功逃回到了封地。那是一片难以通行的森林地带，他来到隐藏在山洞里的城堡避难，城堡十分安全，从外部几乎无法看见城堡。埃拉泽姆和他的追随者以城堡为基地，开始袭击、掠夺从的里雅斯特港口向内陆地区运送货物的商队。国王命令的里雅斯特总督阻止抢劫，但找到埃拉泽姆远非易事。总督找了很久，终

上图 普利雅玛的意思是"在山洞前面"，没有比这更适合这座城堡的名字了。部分城堡建在岩洞里，建筑长度超过 5500 英尺（1676.40 米），高近 400 英尺（121.92 米）。

上图 柯本兹家族的祖先像真正的战士一样手握一把阔剑，从挂在上层大厅里的画像中凝视着游客。

左图 城堡现在已被改造成博物馆，穿着当时服装的人体模型"居住"在城堡的各个房间里。这位身着 16 世纪服装的大胡子先生骄傲地坐在哥特式骑士厅里。

上图 另一个人体模型坐在这间大厅里等待晚餐，大厅里装饰着复制了哥特风格的 19 世纪家具。

于通过追踪雪地上的足迹发现了这个斯洛文尼亚"侠盗罗宾汉"的藏身之处。坐落在山坡上的城堡遭到了袭击，进攻者认为里面的人很快就会因饥饿而投降。

然而，埃拉泽姆通过一条通往森林的山中隧道将物资偷运进城堡，他还将投石机装满食物发射出去，嘲笑围攻他的人。然而，背叛最终导致了他的垮台。埃拉泽姆的一个仆人卖主求荣，告诉总督，每天晚上埃拉泽姆都会去城堡里一处立于悬崖上的地方。这里是厕所的位置，屡次逃脱追捕的城主自然会去那里如厕。叛徒用一块白布做了标记，总督的炮手瞄准此处，在仆人的示意下开火，把埃拉泽姆埋在了炮火震碎的岩石下。

城堡由卢埃格尔家族的女性后裔接管，然后又由柯本兹家族接手，但城堡由于情况糟糕而被遗弃。1570 年，建在洞外的新城堡取代了普利雅玛城堡，其优雅的文艺复兴风格建筑至今可见。（G.G.）

普利雅玛这个地名的意思是"在洞穴前面"，因为城堡坐落于巨大洞穴的入口处。最令人惊讶的是匠人根据城堡周围的自然环境调整的建筑结构方法。最早的文献记载，被称为贾马的原始据点可以追溯到 14 世纪，但我们今天看到的建筑是在 16 世纪建成的。1567 年，柯本兹家族在山洞外裸露的岩石上凿出了平台，在上面建造了一座新的城堡，尽管还有部分结构建造于悬崖的峭壁下。城堡的一个入口建在塔里，塔楼由木桥连接到公路上。以前的城堡曾经需要通过吊桥进入，新入口就在旧入口的对面。城堡建筑从东向西高度不断增加，最高的建筑矗立在山洞里。与其他建筑不同的是，入口塔楼的四角是由石灰岩块叠成的，形成"锚定"角。在柯本兹家族纹章的上方可以看到"1570"的日期字样，即城堡中央部分完工的年份。城堡里只有几个房间，这是因为其背后岩层限制了建筑结构的深度。许多通往上层的楼梯都背靠着裸露的岩石而建。城堡里建有纪念圣安妮的小教堂，建造在中央和东翼之间的区域，装饰华丽。一条著名的、长长的秘密通道（现在已被铁门封锁）通往高原上的树林，可以避开进攻者向城堡内运送物资。（G.R.）

上页图 文艺复兴时期，由意大利建筑师设计的两侧宽大翼楼增建在主楼（又称红塔）旁。

上图 圆形的密室是以拱顶上美丽的石制玫瑰命名的。它是城堡中最引人注目的房间。

匈牙利

沙罗什保陶克城堡 *Sárospatak*

沙罗什保陶克城堡建于 13 世纪，位于托卡伊酿酒区的北部，靠近现代斯洛伐克边境的博德罗格河畔。匈牙利大亨彼得·派雷尼将其完全重建为文艺复兴风格的豪华住宅，并委托意大利建筑师亚历山德罗·达韦达诺监督工程。工程于 1534 年开始，彼得去世后，他的儿子加博尔完成了城堡建造。加博尔在 1567 年去世，没有任何直接继承人，于是城堡由杰尔吉·拉科齐接手。1616 年，杰尔吉将城堡改造成了一座小而华丽的王宫。出生于 1676 年的费伦茨二世拉科齐装饰了城堡，甚至在 1630 年他被选为特兰西瓦尼亚总督后仍继续住在此处。公国在形式上是奥斯曼帝国的附庸，但拉科齐试图在奥地利人和土耳其人之间保持中立，维持公国的独立性。拉科齐坚持这一政策，反对奥地利统治。奥地利在 17 世纪末夺取了匈牙利和特兰西瓦尼亚，打败了土耳其人。费伦茨寻求太阳王的支持，1703 年到 1711 年，他领导了反奥起义，这被称为库鲁茨起义或十字军起义。

在此期间，许多奥地利的敌对势力都承认费伦茨二世是匈牙利的摄政王，沙罗什保陶克城堡接待了许多被派往费伦茨二世宫廷的外国大使。奥地利人最终成功镇压起义，拉科齐被迫放弃城堡，开始流亡。他去了法国，忠诚的战士们不愿离开他，于是他们一同居住在凡尔赛宫里。他的手下加入了路易十四的部队，成为轻骑兵的教官：也就是著名的 15 世纪匈牙利轻骑兵。被遗弃多年的沙罗什保陶克城堡实际上已沦为废墟。19 世纪，布雷岑海姆家族和温迪施格雷茨家族购买了城堡，并全面修复，因此城堡得以保存。（G.G.）

城堡俯瞰"匈牙利剑桥"和"博德罗格河上的雅典"，融合了宏伟的防御性建筑和匈牙利住宅的特点：尖顶圆塔、厚墙、木廊和带有塞利奥式窗户的庭院。城堡始建于 1534 年，红塔是建筑中最古老的部分，拥有哥特式和文艺复兴晚期的风格元素，令人印象深刻。西翼、北翼和南翼的上层建筑建于特兰西瓦尼亚王子杰尔吉·拉科齐统治时期。连接塔楼和西翼的拱形凉廊和楼梯建于 1646 年，而秘密阳台则可追溯到 1651 年。城堡在 17 世纪末成为废墟。此后，城堡得到了修复，文艺复兴晚期的洛兰特菲木廊、王子宫殿和图书馆都非常壮观。老教堂建于 14 世纪，是匈牙利最宏伟的哥特式建筑之一。教堂的墙壁上装饰着弗朗茨·安东·毛尔贝奇的画作，教堂内的巴洛克式管风琴和木制祭坛也很有名。现在，这里收集了与拉科齐家族历史有关的纪念品，以及有关酿酒和瓷器生产的文物。在 19 世纪，布雷岑海姆家族为城堡建造了罗马式的正面建筑，并在周围建造了英式公园。温迪施格雷茨家族后来在红塔内建造了圣伊丽莎白教堂。（G.R.）

跨页图 楼梯和拱形凉廊的优雅结构可以追溯到 17 世纪中期，当时城堡已经由特兰西瓦尼亚的拉科齐王子接管，他将城堡改造成了小而华丽的宫廷。

贡德尔城堡

Gondar Castle

与中世纪的欧洲一样，神圣力量喜欢干涉埃塞俄比亚这个基督教王国的世俗事务，在诗意的传说中，这个王国是由所罗门和示巴女王的后代建立的。16 世纪初，埃塞俄比亚遭到穆斯林入侵，在君主莱布纳·登格尔的梦中，一位天使出现在他面前，命令他在一个名字以字母 G 开头的地方建立首都。在那之前，"万王之王"尼格斯·内盖斯蒂（埃塞俄比亚皇帝的称号）并没有稳定的住所；他的游牧宫廷会根据军事需要或食物需求，从庞大帝国的一端迁移另一端。他花了整整一个世纪的时间才找到上天指示的地方，因为带翅膀的信使太神秘难懂。起初，内盖斯蒂选择塔纳湖畔的古扎拉作为首都，后来在 1610 年前后，国王苏西尼约司继续向北迁都到戈尔戈拉。

然而，苏西尼约司国王的儿子法西里达斯最终确定了至关重要的字母"G"的位置，在贡德尔建立了首都。贡德尔位于多山、土壤肥沃的登贝亚省，是一座相当不起眼的村庄。1635 年，法西里达斯在此处建造了一座大型的防御建筑群，在其周围逐渐发展出一座城市。新宫殿似乎是由也门人和印度教工人建造的，为了装饰宫殿，法西里达斯学习了当时最奢华的两个帝国的统治者，向君士坦丁堡的苏丹和阿格拉的莫卧儿大帝派出了大使。尽管如此，该建筑遗迹仍是一座印度式葡萄牙建筑。

上图 与太阳王同时代的伊亚苏一世的城堡可能是由也门建筑师设计的。宽大的防护墙上有圆形城垛，是典型的阿拉伯风格建筑。

左图 法西里达斯的城堡是长方形建筑，建有城垛，四角建造了四座圆塔。贡德尔在所有使埃塞俄比亚古都成为 17 世纪奇迹的建筑中，保存得最完好。

下页图 这张照片是从法西里达斯的城堡顶部拍摄的。城堡可以俯瞰贡德尔废墟的巨大建筑群，其宫殿由一系列独立的建筑组成。每一座建筑都有特定的功能，可分配给众多皇室成员。

事实上，整个20世纪，葡萄牙士兵和耶稣会会士在埃塞俄比亚都有很大的影响力，最终使苏西尼约司皈依天主教。然而，苏西尼约司的臣民反叛了，逼迫他退位。在赶走耶稣会会士后，法西里达斯重新建立了科普特教会，并在新首都建造了一些宗教建筑、修道院和教堂，他虔诚地资助建造这些建筑。科普特族长老阿布拿掌管贡德尔的整个地区，贡德尔的城市规模扩大，财富增长，这都是在创始人的继任者领导下实现的：约翰内斯一世（他在皇宫里增建了图书馆和主教管区档案室），以及最重要的伊亚苏一世，后者于1682年至1706年统治期间，将贡德尔变成非洲之角最重要的贸易中心，吸引了来自欧洲、近东、阿拉伯、印度和波斯的商人。

路易十四派医生蓬塞作为宫廷大使出使贡德尔，蓬塞回到巴黎后对贡德尔的奇迹的汇报令人十分吃惊，因此没有人相信他。伊亚苏在法西里达斯建造的城堡旁边建造了一座新的城堡——或者说，一座新的宫殿。人们普遍认为，这两座城堡是举办各种狂欢聚会的地方，而狂欢的结局几乎总是让不幸的参与者落入邪恶的陷阱。17世纪辉煌的贡德尔在接下来的一个世纪逐渐衰落。它在商业上的核心优势地位不足以让内盖斯蒂有能力控制远方省份的大片领地，其法律权威也慢慢瓦解。最后，沃德罗斯国王征服了贡德尔，将其洗劫一空，并放火烧了这座城市。1855年，他将首都迁到了德布拉塔波，贡德尔的城堡和教堂也成了废墟。（G.G.）

法西里达斯的城堡由玄武岩建造而成，分为两层，城堡四角建有方形和圆形塔楼。城堡耸立在大片废墟之中，其中包括王宫的遗迹，周围环绕着厚厚的防御墙。在废墟中还可以看到由基督教石匠建造的伊亚苏二世宫殿，宫殿中曾经有装饰豪华的房间，不过现在已经消失了，还有威尼斯镜子和奢华的物品，配得上欧洲最好的宫殿。贡德尔城堡的建筑清楚地体现了即使距离欧洲十分遥远，还是会受到其影响，特别体现在城堡石榴裙边的城墙上。然而，贡德尔城堡的圆顶塔楼和拱形窗户是典型的阿拉伯风格外观。（G.R.）

右下图 珍珠清真寺完全由白色大理石建造，顶部是三座大梨形圆顶和细长的尖塔，由奥朗则布于 1662 年建造。珍珠清真寺被认为是莫卧儿建筑的杰作。

左下图 莫卧儿花园与意大利的花园形状一致，符合伊斯兰的传统，有无数的池塘和喷泉，还有凉亭和举办宴会的阁台。

德里红堡

1635 年，莫卧儿帝国如日中天，当时阿格拉的沙·贾汗（其名字的意思是"世界之王"）下令在旧德里旁边建造一个新的首都：沙贾汉纳巴德。1638 年，他搬进了仍尘土飞扬、噪声不停的建筑工地，第二年，在占星家仔细计算了吉日后，他为他的新宫殿，即拉尔奎拉城堡，或者叫红堡，铺下了第一块石头。这座宏伟的建筑花了 9 年时间才建成，超过半英里（约 804.67 米）长，近 2000 英尺（609.6 米）宽，花费了近 130 吨白银来支付工程款项。建造城墙、花园和可容纳 40000 人的贾玛清真寺花费了 55 吨白银。

这座宫殿被建有城垛的德红砂岩城墙和朱木拿河环绕，能够容纳 10000 名帝国卫兵和无数仆人。马厩里有数千匹马，城堡厨房可以养活整个城市。这里有宫廷裁缝和珠宝商，还有音乐家，他们一旦开始表演，就说明皇帝正在附近欣赏音乐。城堡里还有内室太监和情妇，有在大象背上表演的杂耍者，还有管理着比整个欧洲都大的国家的大臣们。沙·贾汗每天会有两次走到镶嵌大理石的阳台上，俯瞰用于议事的巨大广场，丝绸帷幔覆盖了整个广场，而帝国的贵族们则坐在金碧辉煌的大厅里。私人套房则在广场的另一侧，周围有花园和喷泉点缀，也可以降低温度。

红堡的中心也是莫卧儿帝国的中心——是私人觐见厅，其纯银制成的天花板由 32 根镶有宝石的柱子支撑。耀眼的孔雀宝座镶嵌在大厅中间，是有史以来最昂贵的椅子，上面嵌满了蓝宝石、红宝石、钻石、绿宝石和珍珠。该宝座于 1739 年被波斯入侵者偷走，他们还拆下了宝石。孔雀宝座镶嵌在一块大理石板上，皇帝在上面刻了两句狂热

跨页图 德里红堡因建造它的砂岩颜色而得名，是莫卧儿王朝黄金时代的权力象征，城堡是帝国的军事和行政中心。

右下图 虽然红堡现在仍在使用，但已不再是城市生活的中心，红堡曾经有大象缓慢巡游，也有身着五颜六色军装的部队游行。

的诗："如果地球上有一个天堂 / 它在这里，它在这里，哦，它在这里！"即使较小的房间也有银制天花板，不过最大的内室房间则是例外：这个房间的部分天花板是由黄金制成的（重达 2.2 吨），墙壁上装饰着由 20000 颗宝石镶成的微型肖像画。一个花园里只种红色的花，而另一个只种白色的花，喷泉喷出的是玫瑰水。所有的房间都有自来水。这座城堡天堂里的上帝在晚上 10 点整就寝，屏风后的诵读者为皇帝朗读他最喜欢的书，直到他睡着。皇帝拥有绝对权力，享受着他创造的奢华生活，这种生活到 1658 年结束。之后沙·贾汗被他忘恩负义的儿子奥朗则布废黜，成为囚犯，与世界隔绝 8 年。（G.G.）

红堡，或者叫拉尔奎拉城堡，是以其巨大的红色砂岩墙命名的，是印度旧首都最著名的遗址。城堡建在朱木拿河畔，作为第七德里（现在的旧德里）的堡垒和皇室住所。

建造工程雇用了印度最好的工匠，花费了巨额资金，于 1648 年完成。城堡有超过一英里（约 1.61 千米）长的巨大护城河和城墙，河边建筑高 65 英尺（约 19.81 米），到城墙边上升到近 100 英尺（30.48 米），至今仍屹立不倒。尽管如此，该堡垒仍主要是一种权力的象征。

上图 巨大的柱子支撑着嵌有天花板和优雅的拱门的走廊，走廊通向私人觐见厅，皇帝在这里召开联邦院会议并接待大使。

跨页图 天堂之溪穿过私人公寓，为雕刻成荷花形状、镶有宝石的大理石喷泉提供水源。

下页左上图和右上图 红堡的大多数房间和走廊都有镶嵌着花卉图案的装饰，反映了这一时期波斯和土耳其的流行艺术风格。

跨页图 公共议事厅建有柱子和尖顶拱门，空间巨大。皇帝的宝座摆放在大厅中间，上边是大理石华盖。大维齐尔的椅子，即皇帝的最高级别大臣的座椅，也是由大理石制成的，摆放在宝座前面。

左图 在公共议事厅里，放置王位的高台上装饰着精美的植物浮雕，植物相互缠绕，形成美丽的几何图案。

下页右上图 私人宫殿由三个亭子组成，上面覆盖有大理石、贵金属，或嵌有宝石。亭子建于 1639 年至 1649 年。

下页右下图 公共议事厅王座旁边的一面墙上装饰着各种用宝石制成的鸟类。这件作品被认为是法国艺术家奥斯汀·德波尔多的杰作，他是莫卧儿皇帝雇佣的众多欧洲人之一。

虽然 100 英尺（30.48 米）高的入口即使在今天也让游客感到惊讶，但红堡绝非坚不可摧。事实上，许多河边的房间直接暴露在外，很容易成为炮火攻击的目标。

该建筑群中有公共议事厅、私人觐见厅、大理石宫殿、巨大的清真寺和绚丽的花园。加纳门上面是音乐家艺廊，通向私人觐见厅，在此处会召开联邦院会议。（G.R.）

印 度 *Meherangarh*

梅兰加尔城堡

　　拉托尔人是早在 1500 年前就统治了印度中部部分地区的强大部族，他们声称自己是印度史诗《罗摩衍那》中英雄罗摩的后代，也是太阳神苏利耶的间接后裔。穆斯林入侵印度迫使他们在拉贾斯坦邦的沙漠中寻求庇护所，于是他们在此处建立了马尔瓦王国。1459 年，该王国在焦特布尔建立了新首都。拉奥（Rao，意即统治者）焦特选择了塔尔沙漠东部边缘的一座俯瞰沙漠的岩石山，视野可延伸数英里。然而，在焦特

跨页图 焦特布尔的堡垒建有着阳台、长廊和凉廊，看起来就像一座红色砂岩雕塑。狭窄而曲折的小路是进入堡垒的唯一道路，上面还有一系列加固的桥梁。

上图 梅兰加尔城堡位于一个 400 英尺（121.92 米）高的岩石斜坡上，耸立于周围的风景之上。此处地理位置优越，可以看到数英里之外的景色。

左图 "一座可能是由泰坦巨人建造的、被清晨的阳光染成彩色的宫殿"——这是吉卜林对梅兰加尔城堡的描述，城堡相连的院子周围设计十分奢华。

左上图 长廊和优雅的雕塑门道连接起了建筑物之间大小不一的庭院。

左下图 住宅部分的装饰非常复杂奢华，这些作品实际上并不是单纯的雕塑，而是镂空石雕。

想建造令人惊叹的梅兰加尔（"雄伟的堡垒"）卫城的悬崖上，住着一位隐士，于是焦特不得不将他赶走。

隐士想要报复他，对这位统治者和他的后代下了一个可怕的诅咒：这个王国每年都会遭受饥荒折磨，而此前王国已经有了一个致命的名字：马尔瓦，意味着"死亡之地"。饥荒确实发生了，焦特向这位可怕的隐士祈祷，但也只能减轻诅咒而不能完全消除。因此，每隔三四年王国就会发生一次饥荒。

梅兰加尔城堡由 10000 名奴隶和 500 头大象历时 10 年建造完成。建造中要抬起非常重的石头，以至于吊起它们的绳索经常在滑轮上起火。建造梅兰加尔城堡还夺去了一条生命：城堡建筑师自愿被烧死，因为不愿再建造类似的奇迹建筑。参加焚烧仪式的有统治者和他的妻子、他们的 17 个儿子和 52 个女儿，以及建筑师的妻子和孩子。作为补偿，统治者给了建筑师的妻子和孩子一块巨大的土地。几个世纪以来，梅兰加尔城堡发生了许多其他的献祭，不幸的是，这些献祭没有那么传奇：王妃们的自杀仪式，她们在丈夫，也就是国王死后，会走进葬礼的火

跨页图 镂空窗板，即由石头雕刻而成的格子窗，是拉贾斯坦邦建筑的独特之处。艺术家的想象力或是委托人的奇思妙想激发了城堡中无穷的装饰样式。

右上图 在宫殿这一侧较高的三层楼上，阳台截断了一排排细长的柱子，似乎二者镶嵌在彼此的顶部。

右下图 各种各样的长廊和阳台都朝向外部，但也有不少长廊和阳台可以看到由柱廊围成的多个庭院。

堆。为了让后人能够纪念她们，王妃们会将右手染色，在穿过宫殿的第七道门时，在墙上留下印记。

尽管早在1829年，将印度开拓为殖民地的英国人就已经禁止了这种可怕的习俗，但在1843年，已故统治者曼·辛格的六位遗孀为他而死，其中有些人年仅15岁。梅兰加尔城堡最后一次殉夫自焚发生在1952年，宫殿总督贾哈尔·辛格将军的妻子自杀。葬礼的火堆被巨大的人群包围着吟唱着吠陀的赞美诗，几乎是城市全部人口都来到了此处。

每个人都知道事实就是如此，但报纸报道说"警察来得太晚了"。然而，在印度教传统中，没有比这更光荣的死亡了。萨蒂是湿婆神配偶的名字，她是自焚殉夫的第一人。（G.G.）

莫卧儿的宫殿以其对称性闻名，而拉杰普特人的住宅则是坚固的城堡和华丽的装潢杰作。走上蜿蜒曲折的石板铺路，穿过七扇巨大的防御门，就可以进入梅兰加尔城堡。最漂亮的大门是胜利之门、凯旋之门、铁门

上页图 巨大皇家寝宫的漆面墙壁上装饰着跳舞的女孩和神话中的恋人的画像。

右上图 在皇家寝宫的一个房间里，八角形圆顶中间镶嵌了拼花镜子，周围用一排排舞蹈演员的图案装饰。游客的动作从中反射出来，十分俏皮。

左上图 在20世纪30年代，有人决定在皇家寝宫的这间房间里的天花板上悬挂圣诞玻璃装饰品。这些装饰品与房间里的灯光和色彩的装饰完美契合。

左下图 焦特布尔有一所著名的绘画学校，它向整个印度次大陆出口微型画。当地艺术家为皇家寝宫以及梅兰加尔城堡的其他住宅区作画。

（在墙边可以看到 1843 年王公遗孀们在火葬场上自焚前留下的手印）和太阳之门。最里面的部分由豪华的宫殿组成，上面装饰着镂空窗板，女眷们可以通过这些格子窗观察宫廷里发生的事情。这些宫殿中的房间现在存放着拉杰普特族的武器、微型肖像画和梅兰加尔城堡博物馆的雕花门等丰富的藏品。

王座厅位于珍珠宫内，其内部装饰着彩色玻璃，天花板上有黄金彩绘，还有三条带状壁龛。城堡的北面是 1895 年去世的贾斯万特·辛格二世王公的纪念墓碑，可以与泰姬陵相媲美，纪念墓碑没有体现出莫卧儿艺术所特有的庄严线条，而是完全覆盖着复杂的拉杰普特式装饰。（G.R.）

上页图 镜子宫里，大型镜面镶嵌在由小块彩色玻璃砖、彩色圣诞饰品和壁画组成的格子里，令游客眼花缭乱。

左上图 花之宫建于 17 世纪，是统治者的私人觐见厅，背景中可以看到统治者的宝座，有一把伞遮在上方。

右上图 王后寝宫是宫殿中最私人、最神圣的地方。与宫殿的其他房间一样，女眷们的居室也装饰得十分奢华。

右下图 珍珠宫的天花板用了 70 磅（约 31.75 千克）黄金镀金，该宫殿最初是作为公共议事厅建造的。数百面镜子在镀金装饰中闪闪发光。

印 度 *Taigarh Fort*

杰伊格尔堡

　　杰伊格尔堡是拉杰普特人卡奇瓦哈家族首府琥珀宫的"胜利之堡"，位于拉贾斯坦邦斋浦尔。1600年，邦主曼·辛格开始翻修杰伊格尔堡，想要将其建造成一座宏伟的住宅，此时城堡已经有600年的历史了。这项工作由他的孙子贾伊·辛格一世完成，他被称为米尔扎邦主，意为"高贵的君主"。印度皇帝将大批军队的指挥权和各省的统治权交给了卡奇瓦哈家族，他们是莫卧儿人的盟友和亲戚。因此，卡奇瓦哈家族在完成军事行动或结束行政职务后，会满载战利品回到斋浦尔。随后，这些财宝会被藏在城堡最深处，由米纳部落的凶猛战士保护起来。

　　每当卡奇瓦哈家族新的统治者登上王位，米纳部落的人就会蒙住他的眼睛，带他来到金库。他只能在金库选择一件物品，此后其他人不能进入地下金库，直到有新的统治者加冕。然而，忠心耿耿的米纳卫队以及杰伊格尔堡厚实的城墙还不足以保卫这

跨页图 城堡在 17 世纪被彻底翻修，并被改造成皇家住宅。几个世纪以来，琥珀宫的城堡一直保护着卡奇瓦哈家族神话般的宝藏。尽管人们一直在寻找，但没有人发现宝藏的踪迹。

上页图 内部花园仿照莫卧儿城堡花园建造，城堡住宅包围花园，通过水渠网浇灌。

下页跨页图 琥珀宫的城堡令人印象深刻，在光秃秃的群山间，其高大的城墙被鲜明地勾勒出来。

上图 王室的女眷们可以透过象神门精美的雕花格子窗来观察在公共议事厅举行的仪式，并且不会被别人发现。

右图 精致的细长柱子支撑着凉亭和阁子，上方是优雅的圆顶，分散地建造于各种建筑附近巨大而雄伟的区域里。

下页图 象神门装饰着壁画和拼花图案，通向私人公寓，与城堡的其他部分分隔开来，内部有漂亮的花园。

个神话般的宝藏，于是城市建起了许多围墙，周围的山坡上遍布警卫塔。当奥朗则布皇帝问起杰伊格尔堡布局时，卡奇瓦哈家族贾伊·辛格二世劈开了一个石榴，微笑着把它递给了皇帝。卡奇瓦哈家族还拥有印度最强大的火炮，以及至今仍是世界上最大的轮式大炮，它是在杰伊格尔堡的铸造厂铸成的，高 8.2 英尺（约 2.50 米），长近 20 英尺（约 6.10米），重 55 吨，需要四头大象才能拖动。大炮很少发射，但只要发射就会展示出巨大的威力——附近的水井的水都被震走了，威力不亚于一场小型导弹引起的地震。

　　然而，这座城堡及其宝藏最终由神圣力量保卫。曾任孟加拉总督的曼·辛格从遥远的地方带回了对迦利的崇拜。迦利是死亡和毁灭女神，邦主在城堡内为她建造了一座寺庙，一直到现在，人们仍然会献祭山羊和水牛给女神。琥珀宫里的财富和美丽的建筑使多疑的莫卧儿统治者嫉妒起来，狂热朝臣私下的讨论对这位强大的臣子更是火上浇油。结果，在 1620 年，贾汗吉尔皇帝决定要去看看那个敢于与他攀比宫殿的小统治者的住所。毕竟，他认为，由他父亲阿克巴在 1571 年建立的法特普希克里是世界上最美丽的城市。贾伊·辛格一世对这位显赫但可怕的访客的到来有所警觉，他选择小心谨慎，不再炫耀，让人把宫殿的所有墙壁都涂上了白灰，以掩盖其奢华的装饰。皇帝到了这里，很高兴地"发现"这些只是普通的白色建筑。

右图和下页右下图 象神门里面的房间装饰着典型的壁画拉杰普特艺术，令人难以忘怀程式化重复的植物和花卉。

1970年，也就是三个半世纪后，印度政府也被卡奇瓦哈家族的远见所嘲弄。他们投入了巨额的资金来挖掘此处，想要寻找神话般的宝藏，据说其价值超过3000万美元。但他们什么也没找到。（G.G.）

邦主们按照拉杰普特人宫殿的风格建造了杰伊格尔堡，颇有雄心地模仿伟大的莫卧儿宫殿。城墙是用红色砂岩建造的，而内部则使用了珍贵的大理石。一条巧妙设计的大道，穿过华丽的入口、大厅、亭子、庙宇和神龛（其中一个是供奉迦利女神的，内部有巨大的银质大门）、巨大的楼梯和较小的殿堂，通向宫殿及皇家寓所，二者都建在防御工事之外。最著名的部分是传统的公共议事厅和镜宫，其中有凉廊、亭子、露台和令人赞叹的镜子，制作得十分精巧。

建筑群中所有的墙壁和柱子都装饰着复杂的几何图形或放大的图案，也自然少不了大象的壁画，这反映了印度教典型的恐惧留白风格。女眷们的住所围绕着漂亮的院子建造，建筑上覆盖着色彩鲜艳的绘画，很吸引人。（G.R.）

跨页图和左图 漂亮的柱廊主要由珍贵的多色大理石装饰，连接着巨大的琥珀宫殿的两翼。

下页跨页图 毛塔湖位于城堡所在的悬崖脚下，是城堡主要的水源，通过复杂的管道系统引水甚至可以将其引至高层。

日　本
姬路城 *Himeji*

上页图 姬路城因其白色的墙壁而被称为"白鹭城"。优雅的弧形屋顶突显了阶梯式排列建造的楼层，是日本封建城堡的典型结构。

右下图 姬路城和大阪城是日本保存较完整的城堡。姬路城雪白的建筑与其灰色屋顶在播磨省的乡村十分显眼。

　　姬路城的白色城堡在漆黑的松树林中显得格外醒目，日本古代的诗人、作家和画家们正是由于这片松树林才对播磨省产生了好感。城堡坐落在峭壁上，俯瞰着周围发展起来的城镇，因为城堡与冈山的黑色城堡形成对比，因此被称为"白鹭城"，而后者则被称为"乌鸦城"。姬路城于 1346 年开始建造，当时正处于极其复杂、无休无止的战争时期，这片土地上的每个人几乎都在与人战斗。

　　赤松家族是城堡的第一任领主，他们在战斗中输给了足利家族，姬路城也被后者收入囊中。足利家族被认为是"日本的美第奇家族"，因为他们同样资助艺术和文学，住在京都，统治着群岛，建立了非法的王朝，而合法的皇帝则在南部的岛屿上游荡，生活贫困。随着佛教的传播，武士传统受到遏制，绘画、漆器、瓷器、青铜器和丝绸与剑、弓、旗帜和盔甲一起被带入白鹭城。

1467 年至 1577 年，赤松家族的后裔重新占领了城堡。1577 年，织田信长组建了一个大地主联盟，赶走了足利家族。信长将城堡作为奖励分配给他的将军丰臣秀吉，丰臣秀吉翻新了城堡，并增建了 30 座小塔。虽然丰臣秀吉出身低微（他一开始是信长的马夫），但他为这个动荡的帝国带来了和平。丰臣秀吉被贵族藤原家族收养，成为首相，还重组了军队，为军队配备了葡萄牙商人引入日本的大炮和明火枪，并试图入侵朝鲜。

1598 年丰臣秀吉去世，1601 年姬路城被赏赐给池田辉政作为封地，嘉奖他在关原之战中的勇气。这场战争使得伟大的政治家和军阀德川家康掌控了日本，开启了经济繁荣和管理严明的时期。直到 1868 年，德川的后代都一直统治着这个国家。结果，池田辉政对姬路城的加固（此时城内有 50 座塔）并无用处。姬路城再也没有被攻击过，唯一一次用于军事目的是在 19 世纪末到 1931 年期间，作为日本陆军师团的指挥所使用，并于 1931 年成为国宝建筑。（G.G.）

姬路城是"众神之国"中唯一一座城堡，从建筑角度来看，它代表了整个日本文化。事实上，城堡保持了"日本文艺复兴"风格线条的纯粹感。该城堡分三个阶段建造。1346 年，城堡为赤松贞德所有时，没有建造外墙，严格来说类似于诺曼式城堡护堤。1580 年，著名的将军丰臣秀吉扩建了城堡，葡萄牙人向日本引进了火器，完全改变了防御的方式，城堡增建了宽阔的护城河和厚实的城墙。此外，城堡改造了布局，以便装备有火枪的步兵能够快速移动。

17 世纪，姬路城的第三次重修由池田辉政将军执行。第三次重修工作花了九年时间完成，雇用了 50000 名工人，他们分成几个小组，相互竞争。这些团队由聪明的木匠大师领导，被安排建造城堡的不同部分，有着森严的等级制度。他们使用最好的石头和木材建造城堡。城堡占地约 230 公顷，建筑呈螺旋式布局，是一座名副其实的迷宫。荷兰东印度公司的医生恩格尔贝特·肯普弗（1651—1716 年）说，他在欧洲从未见过这样的建筑。该城堡有一座 100 英尺（30.48 米）高的主塔（大天守阁），三座小塔（小天守阁）和一座加固塔（天守阁）。其巨大的仓库用于储存大米和武器。城堡建造了弧度不断增加的墙壁（从 30 度增加到 40 度）以支持大天守阁的重量，并防止城堡受到可能的地震破坏。两根 79 英尺（约 24.08 米）高的巨大柱子是塔楼的承重结构。从外面看，该塔看起来似乎分为五层，但实际上有七层，这是一个迷惑敌人的计策。城堡有 80 扇主门、无数的秘密通道，还有寺庙、一座完全独立的行政建筑群和马厩。精湛的石面切割技术体现在城堡地基中。（G.R.）

上图 弗龙特纳克城堡位于魁北克市中心。其主塔被外墙包围，模仿了法国文艺复兴时期的城堡。

左图 在最近一次的扩建后，该酒店现在已成为加拿大城市的标志和最独特的城市元素，拥有 618 间客房和 24 间套房。

上图 天窗、尖顶、塔楼和折面屋顶，正宗法国城堡的全部建筑元素都出现在这个大西洋彼岸的"表亲"身上。

加拿大

弗龙特纳克城堡

Château Frontenac

　　弗龙特纳克城堡建于 1893 年，位于魁北克的中心地带，其风格被美好年代旅游指南称为"法国男爵式"，但实际上可能是一种混合风格。现在，弗龙特纳克城堡是世界上最著名、最令人印象深刻的酒店之一，为象征威廉·范霍恩的权力和威望而建造，他是加拿大太平洋铁路公司的总裁，该公司的铁路横跨加拿大，连接大西洋和太平洋。这座巨大的建筑在 1897—1899 年、1926 年和 1992 年得以多次扩建。城堡塔楼是该建筑独有的特征，建于 1920 至 1924 年，坐落于一座真正堡垒的旧址上，即由魁北克的创始人萨米埃尔·德尚普兰于 1620 年建造的圣路易斯堡。原来的堡垒在 1834 年的火灾中被毁，其中一块印有马耳他十字架的石头在废墟中被发现，并被嵌在弗龙特纳克城堡入口处的墙壁上。城堡以弗龙特纳克伯爵路易·德比阿德的名字命名，他在 1672 年至 1698 年担任新法国，也就是法国殖民地加拿大的总督。自酒店开业起就接待了查尔斯·林德伯格、艾尔弗雷德·希区柯克、英国国王乔治六世等显赫的客人。1943 年，英国首相温斯顿·丘吉尔和美国总统富兰克林·罗斯福在这里举行了魁北克会议，对第二次世界大战的结果产生了决定性影响。(G.G.)

　　弗龙特纳克城堡被公认为美洲大陆上高卢雄鸡的象征，由建筑师布鲁斯·普里斯设计，他还设计了蒙特利尔的温莎车站。普里斯研究了一些中世纪和文艺复兴时期的建筑，以法国 15 世纪的城堡为模型设计了这座城堡。酒店刚开业时，内部有 170 间客房和 3 间套房，但现在有 618 间客房和 24 间套房。酒店引人注目的增建部分是由沃尔特·佩因特（建造了蒙特卡米雅侧翼）以及爱德华·马克斯韦尔和威廉·马克斯韦尔（建造了圣路易斯侧翼和河景侧翼）建造的。色彩永远是建筑中最基本的魅力：整座建筑被砖石覆盖，但底层建造和所有的装饰工程都使用了圣马克·德卡里耶尔石灰石。总督花园所在的一侧是唯一一例外。建筑师们在此处使用了耶稣岛上圣弗朗索瓦·德萨勒教堂的多洛米蒂山石灰岩，呈现独特的黄褐色色调。城堡内部一楼用法国里普·多雷大理石装饰墙壁，并铺设了粉红色的维拉尔村大理石地板。(G.R.)

美 国

圣马科斯城堡

Castillo de San Marcos

西班牙人早在 16 世纪初就知晓佛罗里达，但很晚才在此处定居。1565 年，佩德罗·梅嫩德斯·德阿维莱斯在马坦萨斯湾登陆，建立了圣奥古斯丁军事要塞，以保护巴哈马海峡。西班牙舰队每年会通过这条海路，将墨西哥和秘鲁生产的银条运回西班牙。因此，他们的船只经常受到称霸加勒比海的海盗以及与西班牙、法国敌对的大国，尤其是英国的海盗袭击。1668 年，海盗袭击了圣奥古斯丁要塞后，西班牙人决定用石头堡垒取代原来的木质建筑。1672 年他们开始建造堡垒，并取名圣马科斯城堡。30 年后，安妮女王之战爆发（也被称为西班牙王位继承战争），圣马科斯城堡面临驻扎在卡罗莱纳州的英国人的首次攻击。然而，英国船只被来自哈瓦那的救

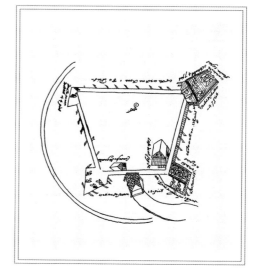

上图 这幅 17 世纪的图画展示了圣马科斯城堡的平面结构及炮兵在堡垒中的排列方式，描绘了多个已不复存在的木制建筑。

援舰队困在了圣奥古斯丁海湾。英国人不仅被迫撤退，还不得不烧毁船只，以防被西班牙人扣押。在这次攻击之后，圣奥古斯丁要塞被扩建并加固，城市周围也修建了城墙。1738 年，英国人建立了封锁线，轰炸了圣奥古斯丁要塞，但围攻 38 天后他们再次被迫撤退。直到 1763 年，在《巴黎条约》将佛罗里达州归为英国所属之后，英国人才接管了这座城市。

这座城市对英国王室来说非常重要。美国独立战争爆发后，圣奥古斯丁要塞归国王乔治三世统治。因此，该堡垒成为与叛军结盟的西班牙军队的作战基地。美国最终独立后，于 1783 年将佛罗里达州归还给西班牙。西班牙人占有佛罗里达州，直到

跨页图 圣马科斯城堡的布局呈正方形，四座坚固的堡垒加固城堡，是西班牙在其美洲属地建造的典型堡垒。虽然城堡结构简单，但可以承受长时间围攻。

右上图 圣马科斯城堡控制着巴哈马海峡。这条通道对西班牙舰队来说至关重要，他们利用这条路线将墨西哥和秘鲁的白银运回西班牙。

1821 年将其割让给美国。堡垒经过改造后被重新命名为圣马科斯城堡。南北战争期间，圣马科斯城堡属于南方军队，但联邦军队未开一枪就将其占领。城堡被改造成军队监狱，最终在 1900 年成为国家纪念馆。（G.G.）

圣马科斯城堡内部是广场，四角都有壁垒。庞大的布局让人想起欧洲，特别是意大利的一些同类城堡，尤其是阿布鲁佐的拉奎拉城堡。显然，这两座要塞的建筑师都是西班牙人。圣马科斯城堡的设计符合堡垒式防御的原则，建筑布局极其紧凑，建有带扶垛的城墙。该结构预见了 19 世纪的堡垒的结构布局。建造堡垒的目的是确保对该地区的战略控制。城墙是用西班牙人称为壳灰岩的当地石头建造的。确切地说，壳灰岩是由贝壳沉积物的化石组成的，人们在哈瓦那采石，然后运到佛罗里达。砂浆是由牡蛎壳和沙子的混合物在窑中烘烤而成。这座堡垒花了 23 年时间才建成，堡垒被护城河包围，并配有大炮。城堡周长超过半英里（约 804.67 米），墙高 30 英尺（约 9.14 米），厚约 10 英尺（约 3.05 米）。护城河有近 40 英尺（约 12.19 米）宽。内部划分了大约 20 个寝室。该堡垒现在是国家公园的一部分。（G.R.）

参考书目

Various authors, *Haut-Koenigsburg*, Paris 1996.

Various authors, *Il Libro d'Oro dei castelli della Loira*, Florence 1997.

Allen Brown, R., *English Medieval Castles*, London 1954.

Alvensleben, U. von, Koenigswald, H. von, *Schlösser und Schicksale. Herrensitze und Burgen zwischen Donau und Rhein*, Berlin 1970.

Anderson, W., *Castles of Europe*, New York 1984.

Anonymous, *Clisson. Visite au Château et à la Garenne*, Nantes 1885.

Lady Armstrong, *Bamburgh Castle: the home of Lord and Lady Armstrong and Family*, Norwich 1994.

Baroda, Maharajah of, *The Palaces of India*, London 1980.

Beltrami, L., *Il Castello di Milano*, Milan 1912.

Berthou, P. de, *Clisson et ses monuments*, Nantes 1910.

Borkowski, J., *Zamkik panstwa krzyzackiego*, Warsaw 1999.

Boson, G., *Il castello di Issogne*, Novara 1951.

Boson, G., *Le Château de Fénis*, Novara 1953.

Cruden, S., *The Scottish Castle*, Edinburgh 1960.

Dattilo, V., *Castel dell'Ovo fra storia e leggenda*, Naples 1956.

Desing, J., *The Royal Castle of Neuschwastein*, Lechbruck, 1998.

Dieulafoy, M., *L'arte in Spagna e Portogallo*, Bergamo, 1913.

Lady Elphinstone, *Glamis Castle*, Derby 1975.

Engel, H.U., *Burgen und Schlösser in Böhmen*, Frankfurt, 1961.

Giacosa, P., *Il castello di Issogne*, Verona 1968.

Gorfer, A., *Castel Beseno*, Rovereto, 1979.

Gotze, H., *Castel del Monte. Forma, simbologia, architettura*, Milan 1986.

Gradenigo, P., *Postumia*, Postojna 1935.

Gremaud, H., Chatton, E., *Le château de Gruyères*, Villars-sur-Glâne 1995.

Gyorgy, R., *Varosok; Varak; Kastelyok; regi magyarorszagi latkepek/Towns Castles Mansions; old Hungarian views; Stadte, burgen, schlösser; alte ungarische veduten*, Budapest 1995.

Holbach, M.M., *Dalmatia*, London 1908.

Innes-Smith, R., *Glamis Castle: seat of the Earl of Strathmore and Kinghorne*, Derby 1989.

Ionescu, G., *Istoria arhitecturii in România*, Bucharest 1963.

Iorga, *Les châteaux occidentaux en Roumanie*, Bucharest 1929.

Johansson, A., *The Castle of Kalmarsund*, Kalmar 1998.

Kinoshita, J., Palevsky, N., *Gateway to Japan*, Tokyo 1998.

Krizanova, E., *Slovak Castles, Manors and Châteaux*, Bratislava 1998.

Kubu, N., *Le château fort de Karlstejn*, Prague, 1996.

Lancmanis, I., *Schloss Rundale*, Rundale 2003.

Lancmanis, I., *Ernst Johann Biron 1690-1990. Katalog der Ausstellung im Schloss Rundale*, Rundale 1993.

Leash, H.G., *Irish Castles and Castellated Houses*, Dundalk, 1941.

Lise, G. (ed.), *Castelli e palazzi d'Italia*, Sancasciano 1982.

Livermore, H., *A History of Portugal*, Cambridge 1966.

Mehling, M., *Knaurs Kulturführer in Farbe Moskau*, Munich 1990.

Michel, F., *Burg Eltz*, Munich 1969.

Mierzwinski , M., *Malbork. The castle of the Teutonic knights*, Bydgoszcz 2001.

Naef, A., Schmid, O., *Album illustrant le guide official au Château de Chillon*, Vevey 1890.

Naef, A., *Château de Chillon*, Lausanne 1937.

Ortiz-Echagüe, J., *España: castillos y alcazares*, Madrid 1956.

Ottendorf-Simrock, W., *Castles on the Rhine*, Bonn 1972.

Piper, O., *Oesterreichische Burgen*, Vienna 1904.

Pons, M., *Bonaguil, château de rêve*, Saverdun 1966.

Raemy, D. de, *Grandson*, Bern 1987.

Ramée, D., *Monographie du château de Heidelberg*, Paris 1859.

Reicke, E., *Geschichte der Reichsstadt Nürnberg von dem ersten urkundlichen Nachweis ihres Bestehens bis zu ihrem Übergang an das Königreich Bayern (1806)*. Nuremberg 1896.

Sainz de Robles, F., *Castillos en España*, Madrid 1962.

Schlegel, R., *Festung Hohensalzburg*, Salzburg 1955.

Schick, A., *Furniture for the Dream King. Ludwig II and the Munich Court Cabinet-Maker Anton Pössenbacher*, Stuttgart 2003.

Slade, H.G., *Glamis Castle*, London 2000.

Steinbrecht, C., *Die Ordensburgen der Hochmeisterzeit in Preussen*, Berlin 1920.

Tabarelli, G.M., *Castelli, rocche e mura d'Italia*, Busto Arsizio 1983.

Tabarelli, G.M., *Castelli del Trentino*, Milan 1974.

Trcka, M., *Château de Hluboká*, Ceské Budejovice 2002.

Tillmann, C., *Lexicon der deutschen Burgen und Schlössen*, Stuttgart 1958-61.

Turnbull, S., Dennis, P., *Japanese Castles 1540-1640*, New York, 2003.

Valvasor, J.W., *Die Ehre des Herzogthums Crain*, Laybach 1689.

Willemsen, C.A., *Castel del Monte, die Krone Apuliens*, Wiesbaden 1955.

Wirth, Z., J. Benda, J., *Burgen und Schlösser (Böhmen und Mähren)*, Prague 1955.

出 品 人：许 永
出版统筹：林园林
责任编辑：吴福顺
封面设计：墨 非
版式设计：万 雪
印制总监：蒋 波
发行总监：田峰峥

发　　行：北京创美汇品图书有限公司
发行热线：010-59799930
投稿信箱：cmsdbj@163.com

创美工厂
官方微博

创美工厂
微信公众号

小美读书会
公众号

小美读书会
读者群